园林景观规划与设计

陈霞 宋金 朱熙 主编

吉林科学技术出版社

图书在版编目（CIP）数据

园林景观规划与设计 / 陈霞，宋金，朱熙主编 . --
长春 ：吉林科学技术出版社，2020.10
　ISBN 978-7-5578-7629-6

　Ⅰ . ①园… Ⅱ . ①陈… ②宋… ③朱… Ⅲ . ①园林设
计－景观设计 Ⅳ . ① TU986.2

　中国版本图书馆 CIP 数据核字 (2020) 第 193645 号

园林景观规划与设计

主　　编　陈　霞　宋　金　朱　熙
出 版 人　宛　霞
责任编辑　隋云平
封面设计　李　宝
制　　版　宝莲洪图
幅面尺寸　185mm×260mm
开　　本　16
字　　数　200 千字
印　　张　9
版　　次　2020 年 10 月第 1 版
印　　次　2020 年 10 月第 1 次印刷
出　　版　吉林科学技术出版社
发　　行　吉林科学技术出版社
地　　址　长春净月高新区福祉大路 5788 号出版大厦 A 座
邮　　编　130118
发行部电话 / 传真　0431—81629529　　　81629530　　　81629531
　　　　　　　　　　81629532　　　81629533　　　81629534
储运部电话　0431—86059116
编辑部电话　0431—81629520
印　　刷　北京宝莲鸿图科技有限公司
书　　号　ISBN 978-7-5578-7629-6
定　　价　55.00 元

◆ 前 言 ◆

　　城市园林绿地的主题思想是园林规划设计的关键，根据不同的主题，可以设计不同特色的园林景观，因此，在园林规划设计前，设计者必须巧运匠心，仔细推敲，确定园林绿地的主题思想，这就要求设计者有一个明确的创作意图和动机，也就是先立意，意是通过主题思想来表现的，意在笔先的道理就在于此。另外，城市园林绿地的主题思想必须同城市园林绿地的功能相统一。

　　现代城市园林规划与设计不仅仅是单纯植树、种草、摆雕塑、设置座椅，而是通过科学的种植密度、空间划分来达到良好的景观效果，而城市园林景观规划不仅要求景观的美观，更注重的是其功能性的体现。以科学的城市园林景观规划达到城市生态环境的改善、城市生态系统的改善，以此促进城市综合生态环境的改善。为营造良好的城市生态环境、人文环境以及舒适性奠定基础。其更关系到城市居住舒适型、现代休闲运动的开展以及投资环境的建设，对我国人口素质的提高有着重要的影响。

　　现代城市园林景观的规划要以城市生态环境的保护为基础，利用园林内一切可以利用的空间，提高城市绿化面积，以此促进城市综合环境的改善，提高人们居住的舒适。这就要求现代城市园林景观设计人员要以综合城市基础信息与园林基本情况，以本土植物为重点，人性化、积极向上、新颖而不浮躁、美观而又实用、简单而满足需求、符合生态要求的城市园林是园林规划设计的原则和追求的目标。

◆ 目　录 ◆

第一章
园林景观的基本理论研究

第一节　园林景观设计发展趋势

人们生活的城市中，生态系统多是由人工设计创造出来的。城市在发展的进程中，有一部分是自然原生态系统，还有一部分受人们活动的影响，被完全改变，形成了社会、自然和经济等多元素合成的人工生态系统。当代的园林景观设计，融合了植物学、规划学、建筑学、社会经济学以及生态学等相关学科。我国的园林景观，虽起步晚，但发展速度迅猛。

一、当代园林景观设计发展现状

（一）与生态环境理念相结合

我国注重园林景观的规划设计工作，强调园林景观设计与生态环境相结合，加强园林生态景观设计对城市环境的改善，园林景观设计工作对城市生态建设发展起到了重要的促进作用。目前，城市园林生态景观规划正向着科学规划、综合布局、全面协调的方向发展。现代城市园林景观规划设计工作正逐步与城市经济、社会功能、生态环境等要素整合化发展。

（二）景观规划理念逐步完善

现代园林景观设计更强调遵守可持续发展的基本理念，要求城市园林景观设计满足城市发展的实际需求，从长远城市规划的角度着眼，切实满足城市未来生态发展趋势，这就要求城市园林景观规划必须具有前瞻性。作为城市文化的重要载体，园林景观规划设计还必须挖掘地域历史文化特色，着重体现历史文化风情，实现延续地域文化脉络的作用，能够做到就地取材，把地方文化与传统文化融入景观设计中。

（三）突出园林景观实用价值

目前，园林景观设计更注重考虑园林在城市中的实用价值，园林景观设计需要从宏观层面进行深入研究，根据城市的地貌和气候特点科学打造园林景观，从城市的功能布局、地域绿地面积实际需求以及城市居民的休闲娱乐需求等多个角度出发，提升园林景观的丰富性与实用性，发挥园林景观在城市各个方面建设的影响力，形成城市园林景观设计的独特性。现代园林景观设计还应注重降低成本，强调从实用性出发，多层次的综合布局园林景观植物，尽可能降低园林景观的使用与维护成本。

1

二、新时期我国园林景观设计工作中存在的问题

(一) 缺乏先进的设计理念，园林景观凸显单调性

现阶段我国城市的园林景观设计工作中存在的最大问题就是缺乏先进的设计理念，园林景观呈现出高度的单调性。缺乏先进的设计理念主要表现在园林设计没有较好地运用艺术感与层次感，目前在园林景观设计过程中，对城市园林的生态功能给予了高度重视，但是在景观的布置方面十分落后。现在很多城市公园的观赏性不能引起人们的兴趣，整个公园缺乏层次感。

(二) 园林景观设计上具有严重的同一性

我国目前的大多数城市园林设计，在园林景观的结构上展现出了高度的同一性，使得很多园林景观缺乏了利用当地特有的绿植进行布景的自然景观。由于这种现象十分普遍，造成了我国大部分的园林景观缺乏特点与吸引力，不能引起人们的关注与重视。出现同一性问题的主要原因，是相关设计人员在进行园林景观设计工作中没有重视因地制宜的原则，没有全面考虑城市自身特点及不同城市之间的差异性。

三、当代园林景观设计发展趋势

(一) 坚持生态化、多样化发展

当前，环境保护问题已是全世界面临的关乎人类生存和发展的重要问题之一。人们清楚地认识到环境的重要性，尤其是现代城市的迅速发展使得绿地面积减少，空气和水污染严重，生活在大城市里的人们住在钢筋水泥建筑成的高楼大厦里，远离鸟语花香的大自然。城市园林景观设计要立足于生态化、多样化的原则，为人们提供健康、优美的生活环境。在景观设计时，应注重运用循环理念，注重植物群中生态学理论的运用，同时还要根据不同的植物生长特性进行不同的安排和规划，让景观设计中的植物可持续地生长和繁衍，还要注重利用自然条件中空气、水资源、天然肥，使这些植物生态链形成良性循环，从而建立有序、长期、可持续的生态环境圈。

(二) 注重地域性、实用性、创新性

在园林景观设计的过程中，除考虑生态因素之外，其次应注意结合本城市的地域特点，因地制宜，从实际出发，在园林景观设计中融合城市的地域特色，创造出独特、具有地域特色的园林景观。我国地理面积广阔，从南到北，从东到西，不论是自然风光、地理特点还是人文环境、风土人情，都存在着很大差异。这些差异都是城市园林景观设计的优势，也为各地不同的园林景观设计风格提供了丰富素材。如果设计者充分利用各个城市的地域特色和当地现有资源，不仅可节约成本，还可以避免雷同，从而设计出更加有特色的园林景观。

(三) 注重城市人文景观的历史文化传承

园林景观设计的主流发展趋势是围绕着现代园林文化进行设计，要求园林景观设计体

现出人文关怀，能够承载地域文化，突出园林的文化性与审美性功能。特别是在城市旅游业快速发展当下，园林景观与旅游产业结合，成为城市文化旅游时尚产业的重要载体。园林景观的设计力求以人的需求为主，要求反映出人文、科学、自然的协调特征。以人为本的园林景观设计理念正在成为现代园林景观设计的重点。

（四）园林景观的人性化设计

人性化设计是现代景观设计的重点要求，是对居住区景观设计的整体风格的结合。硬景观与绿化软景观。居住区有不同的搭配、不同的风格，景观设计也应依据不同的景观而设计出不同的地域风格，利用现代技术和景观来进行设计，使得其很好地结合，确保景观整体合理搭配，以此提高人们的生活质量。此外，景观设计还需要与景观整合，构建一个新的绿地网络空间，如亲绿空间、亲地空间、亲水空间、亲子空间，因此，景观设计必须与现代美学、现代心理学、行为学等相关学科结合起来，形成城市生态系统的可持续发展。

城市园林是现代城市不可分割的一部分，利用城市园林，不仅可以实现对生物资源的保护，还可以满足人们的精神文化需求。换言之，就是城市园林既可以进行生态保护，又可以实现社会效益，所以必须要深入地分析城市园林设计的问题，并对其原则进行强化和明确。

第二节 园林景观与居住环境

在社会经济不断发展的背景下，城市进程也在不断加快。为了给人们提供舒适的居住环境，相关建设单位应注重居住区园林景观的建设，从而实现人们生活质量的提升。本节主要分析了人居环境与园林景观的关系以及人居环境的现状，探究了加强园林景观建设的措施和相关设计内容，以供参考。

一、人居环境与园林景观的关系分析

随着环境问题关注度的增加，人们对居住环境的关注也在逐渐增加。就城市居民来说，每天50%以上的时间花费在居住环境中，居住环境对人们的心理、精神等都有直接影响，因此，居住环境不仅是树木花草的建设，还应结合现代生活的需求，建造富含景色文化内涵的居住环境，给人们提供舒适、健康的生活环境。

现阶段，我国多数城市开发商为了获取更大的经济效益，在居住环境建设方面存在一些欠缺，例如，居中空间的基础设施较少、户外空间比较分散、居住区缺少隔音措施等，给人们的生活造成了不同程度的影响。另外，在当前的社会环境中，人们的工作压力比较大，而宁静、自然的园林环境能够在一定程度上缓解人们的压力，通过对园林环境的体验，人们能够更好地调节自身的心理情况和精神状态。另外，良好的园林景观能够给人们带来美的享受、让人们亲近自然、回归自然，在提高居民的生活质量和水平的同时，改善城市的整体形象。

总之，居住环境和园林景观的有效融合，能够形成多方面要素构成的复合体，该复合体能够为居民提供更好的服务，在一定程度上推动城市化的建设和发展。

二、人居环境的现状

在工业社会的发展过程中，自然资源的消耗、环境的破坏，也给人类带来了许多不良影响，并且自然灾害日益增多，促使人们进行深刻反思。为了促进人类文明的延续和发展，人们逐渐认识到自然环境保护、能源节排降耗的重要性，只有与大自然和谐共生，才能获得更加长久的发展。但现阶段，我国大多城市人居环境质量不太理想，缺乏统一、科学合理的规划，同时，在生态社会建设方面有待提高，例如，肆意扩占草地、乱砍滥伐森林、降低绿化比例等现象，在园林规划方面更是重视程度不够，因此，为了实现生态园林城市的建设，营造良好的人居环境，应重视园林规划，并将其与人居环境进行有效融合，从而给人们带来健康、舒适的生存环境，进而促进社会的和谐与发展。

三、加强园林景观建设，提高人居环境的质量

（一）园林规划的重要性

园林规划是园林景观建设的重要内容，做好园林规划工作，能够在一定程度上促进生态循环的建设，为人们提供高质量的居住环境，促进人与自然的和谐发展。在实际的园林规划过程中，要因地制宜，根据当地的实际情况，充分利用一切可运用的要素和资源，保障人居环境园林景观的建设质量，发挥丰富人们心理、营造美好环境的作用。同时，在进行园林规划时，结合当地文化特点，进行特色化、个性化的园林景观设计，从而创造更多的生态效益、经济效益、社会效益。

（二）居住环境的园林景观建造

绿地具有降低噪声、净化空气、美化环境的功能，因此，进行居住环境的园林景观建造时，应注重绿地的应用。在实际的园林规划中，要结合当地的地质地貌、风土人情、环境要求等情况，选取平面立体相互结合的方式，使其具有色彩化、层次化的特征，最大限度地发挥绿地的生态效益，并且要让园林景观在变化中保持统一，在统一中彰显变化，通过自然与艺术的有效结合，真正发挥景观的作用。园林植物配置应向着生态化、功能化、景观化方向发展，科学有效地进行植物的配置，真正发挥植物的特性，从而形成生态景观。理想的植物配置包括以下几种：

1.植物配置

在植物配置时，要充分利用各种树木、植物，打造出四季有花有景的环境。例如，具有一定的形态的树种有香樟、广玉兰、柳树等；观花树种包括海棠、合欢、樱花等；观果植物有桑树、枸杞等；季相色叶植物包括红叶李、银杏、红枫等；具有长观赏期的花卉有美人蕉、鸢尾、紫露草、鸭跖草等。通过将上述植物进行合理配置，打造出层次感、和谐感，从而形成植物多样性、生物多样性。

2. 乔灌花草合理结合

将园林景观进行高、中、低各层次的植物配置，不仅可以使植物品种丰富化，同时，最大化地呈现了三维绿化量，使绿色植物制造更多的有机物、释放更多的氧气，为人类健康提供有利条件。另外，植物配置的层次性、多样性，还能发挥植物美化环境、陶冶情操的作用。

3. 大乔木的配植

物种的选择是园林景观建设关键内容之一，选择物种时，要遵循乡土性、针对性原则，根据当地的水文环境和气候等特征，选择适宜的物种，从而保障植物物种生长的稳定性，促进植物景观的长远性。在生态原则的基础上，物种选择应追求变化，打造美丽的林冠线。在配植大乔木时，要掌握乔木的株行距，保障乔木的健康生长，从而为稳定的植物生态群落结构奠定基础。

4. 园林景观的造型

除了满足树种的搭配、花丛绿草相互衬托的景观要求，还应注重园林景观的造型设置。在园林规划时，可采用几何构图，通过利用竖向变化与植物组合，打造出植物错落的外形，充分分隔和利用空间；通过某些图案、水体等要素，使居住环境具有别具一格的特点，如在花草间摆放"闻鸡起舞"造型的景观，惟妙惟肖的形象给人一种生机勃勃、赏心悦目的感觉。

四、居住区园林景观环境设计研究

为了满足城市经济发展竞争的需要，将园林景观融入居住环境中十分有必要，不仅可以美化环境、净化空气，还能提高人们的生活品质和水平，从而促进人与自然的和谐发展。为了实现二者的有效融合，在设计时，应注重自然环境与人的关系，处理好城市设计与城市生态平衡关系，从而实现城市居住环境与自然环境的和谐相融，建设健康和谐的生态城市。在设计过程中，应注意以下几点：

（一）追求人与自然的和谐共生

生态环境在一定程度上制约着城市的建设发展，为了维护生态环境，需要保障人与生态环境的和谐共生，而为了建造适合人类生活的城市环境，需要保护自然环境，并在此基础上充分利用空间，合理控制建设密度，从而实现园林景观与居住环境的融合，进而实现人与自然和谐统一的画面。

（二）加强设计功能布局多样化

在居住区的空间设计过程中，不仅要满足居住的需求，还需要补充一些功能性的设施和景观，有效集中居住、休闲与娱乐等空间环境，满足人们生活、娱乐需要的同时，增添城市空间的活力，促进城市的持续发展。另外，注重园林景观的和谐性、统一性，在一定程度上实现城市向自然开敞。将节省下的财力、物力用于优化城市公共设施建设，有利于城市生态系统的改善，促进现代化生态城市的建设和发展。

综上所述，为了改善人们的居住环境，应积极进行园林景观的设计和建设，给人们提供舒适、安全的生存环境，促进人们身心健康发展。同时，园林景观与居住环境的有效融合不仅能促进城市的发展，而且有利于生态社会的建设。

第三节　园林景观中的自然要素

园林景观作为城市规划建设当中重要的、为人民群众精神娱乐服务的相关设施。越来越受到社会各界的重视。同时随着城市化建设的不断推进，生活在城市当中的居民越来越渴望亲近自然并感受自然。而园林景观作为城市与自然之间连接的一条媒介，作用就越发的重要，因此私人要素是园林景观当中的重要组成部分，也是人们最为亲切的内容，合理运用自然景观的因素已经成为园林设计是否成功的关键因素。本节分别阐述传统园林与现代园林的因素并且探讨其使用的方法和措施，希望帮助大家能够在进行园林建设时，更好使用相关的元素，让居住在城市里的居民更好地感受大自然的美丽景观。

自然要素包括了植物，水地形等要素，作为一个园林设计的相关设计师，一定要充分利用每条自然要素的特点和存在的方式，营造出不同的审美视觉效果。由于所需要呈现的环境不同，就要根据相关景观的特色，使用不同的自然要素，因此设计师一定要抓住这个特点，使园林景观呈现出一种具有特色的自然氛围，让现代人在其中感受到自然之美。那目前相关景观设计当中存在的问题主要是景观设计同质化，大众化，缺乏特色和创新，过于强调装饰，而掩盖了原来自然元素本身的特质，大幅降低了园林风景的特色。

一、传统园林景观当中的自然要素

（一）中国古代园林智能要素综述

中国古代园林有着较长的发展历史和较多的发展方向，是园林艺术的宝库，甚至对于全世界的园林艺术发展都有深刻的影响。一般是分为皇家园林和私家园林，但无论是皇家园林还是私家园林，对于自然美的要素的运用和阐述都有着很深的造诣的，传统园林当中对于自然美的审美要素，宗旨在于形式多样化，布局要求自然，强调高概括性和升华，同时注重对于不同维度不同景观的营造，达到动静合一的空间布局的效果，最终在意境层面上面形成统一，但是在细节上面也是有相应的区别的。

（二）皇家园林当中的自然要素

皇家园林的目标一般是为了体现皇家的威严和气魄，所以在整体对于自然要素的营造上面更强调于形象当中的写意成分和象征意义。在皇家园林当中的山一般是代表着国家所统领的领土；水代表的是国家的湖泊，海洋以及河流。所以在营造时最强调的都是将自然大气之美体现出来。强调的是景物对于自然环境的还原。

（三）私家园林当中的自然要素

我国私家园林的建造者和设计者一般都是一些文人士大夫。相对于皇家园林的威严大气而言，自家园林当中的自然要素，更多的是通过各种自然要素的使用，展示园林所有者对于传统中国文化的理解，因此私家园林的自然元素是对于自然环境的高度协调和人文化的表述，因此在具体园林设计时，会强调园林当中不同场景变化时所表现出来的意境。因此也强调这些自然元素并不是对于自然单纯而简单的模仿，而是要将自然元素当中的美抽象出来，并以一种符合中国传统文化的方式进行表述。体现自己的人文胸怀以及对于山水的情怀。

二、现代园林当中的自然要素

现代园林的设计风格多样，充分体现了个性化需求，其中共同的内容就是对于自然题材的运用和现代园林设计当中对于生态环境，主要追求的方向为大众服务。相对于传统园林景观的要求，服务对象不同，其创造的要素和方法也不尽相同。相对于传统园林当中，对于一些比较深邃的文化元素的展示得以弱化，而对于自然景观的美观以及自然景观本身特性的展现会增加。同时在设计时由于使用的人群具有多样化的特征，使用的地方也具有相应的实用性功能。所以我需要将自然景观当中的景色，山景，实景，水景地形等自然景观要素融合到相关的功能性，需求当中。满足了园林本身的实用性功能的同时，通过巧妙的手段运用营造出一片纯净的自然天地，并赋予其时代精神，让参观和使用相关景观的群众，能够感受到富有现代气息的现代园林艺术。

三、合理运用园林景观自然要素的措施

自然要素本身是具有地域性，艺术性和时代性的特点的，是人们追求自然美的一种体现，而园林作为现代人接近自然感受自然的一条重要的渠道和纽带，其设计过程就必须要强调自然与人的沟通性，目前多数的园林设计景观都存在着一定的问题，其中最主要的问题体现在对于自然要素的运用不合理，品种单一，层次单一，盲目追求视觉冲击，而不能够清楚表明主题内涵，因此在园林景观设计时应该从以下几个方面合理应用自然要素：

（一）合理布局自然要素

在园林景观设计时，要树立正确的审美标准，进行整体的自然要素的合理布局，由于城市不同则文化不同，所需要表现的自然要素的内涵和特质是不相同的，因此要根据本地区的文化特色以及本地区的自然环境特色，合理地安排不同的自然要素，以突出本地区的文化底蕴，提升园林与当地居民的亲和度的同时，更好地展现大自然的美好。

（二）建立低碳环保的设计理念

城市的发展和建设相应的可以运用了，自然资源也在被使用，有些已经呈现了匮乏的趋势，所以对于自然要素的运用也要进行合理的规划。不能让本应该为城市提供相应自然资源和优化环境的园林设施，变为城市当中一个污染源和资源的消耗点。具体来说，在整体的园林设计时要结合当地的特色，尽可能地合理使用本地品种，并且根据本地的自然条件特质设计相关的植被搭配结构，这样做的好处是可以让整个景观当中所使用的植物成活率提高，并且可以节约相关养护过程当中所消耗的各种资源，从而实现节能减排的目标，

由于使用本地品种，可以为相关的居民普及本地自然环境的一些知识。能够让居民更好地了解本地的环境，从而提升整体园林设计的亲切感。

综上所述，园林景观是当地自然景观的综合体，园林景观当中对于自然要素的运用基础在于要因地造景，因地选择，这样做的好处是能够降低后期整个园林景观的维护成本，并且能够提高园林景观最终成型的速度。同时在设计时要充分将实用性和艺术性融合在一起，更好地发挥其人与自然桥梁的作用。那居民在使用过程当中亲切地感受到自然环境的美好，提升居民的审美标准或生活质量，缓解生活压力。

第四节　植物文化与现代园林

现在人们精神水平快速提高的过程中对于精神享受的追求也越来越高，在这样的环境下，要满足人们的精神需求，就必须要充分重视园林景观建设设计的过程，做好相关的研究和设计工作。

现在人们生活的节奏越来越快，在这样的背景下如何在激烈的竞争下提高人们的精神享受，缓解人们的生活压力，就成为设计工作人员必须要充分做好的工作内容。

一、园林配置中的文化内容

季节变了。四季的变化主要体现在特定植物意象的变化上。在春天，一切都变得年轻和绿色。夏天，在炎热的阳光下，绿意盎然。秋天是收获的季节。黄叶凋谢了。枫叶是红色的；在冬天，尤其是下雪的时候，植物有一种独特的美，因此，在景观设计中，植物的安排应遵循一定的原则，以保证景观能给四季带来欢乐。中国传统园林植物形态在意境和层次上有其独特的特点。中国传统园林布局会选择不同类型的植物，让人们可以享受视觉，产生不同的效果。在中国园林设计中，工匠也会装饰植物。以植物为代表的中国文化，往往象征着人们的理想和追求。工匠的使用反映了科学和艺术的高度统一。随着社会的发展，人们的生活方式在改变，园林植物的布局也在改变。在现代景观设计中，工厂的形态发生了很大的变化，主要体现在以下几个方面：植物景观的审美主题也发生了变化：高大通俗的植物景观。受历史等方面的影响，传统古典园林具有贵族化的特点，而现代园林设计则是面向大众的。城市公园和社会公园已进入人们的日常生活，给人们带来了优美的环境。在工厂配置工作中，工厂配置原则也发生了变化。现代工厂配置更注重艺术与科学的结合。随着社会的发展，人们越来越关注环境问题，因此，现代园林植物的布局更加注重科学与艺术的结合，可以大大改善人们的居住环境。花园里有很多种植物。在传统古典园林中，植物的布置相对简单。由于环境原因，公园内植物种类相对单一，成活率较低。现代园林设计更注重植物形态和植物景观的多样性。特别是借助先进的科学技术，景观设计产生了大量的新品种，丰富的植物形态材料，给人们带来了更多的精神享受。植物配置设计和景观设计的过程中要多样化的进行景观的植物配置工作，综合应用相关技术内容，多元化的进行景观设计工作内容，这些植物形态和功能的不同和差异也促进了植物设计的复杂性。植物结构综合应用，以及具体设计的过程中灵活运用各种设计方法，给人们带来了更多的精神享受。

二、现代园林设计中植物文化的体现

古典园林的审美主题不同于现代园林的审美主题，古典园林的设计工作内容主要是为一些封建贵族和富商等服务的，是一种专供上层使用的设计技术，这样的私家花园时代已经结束了，现在城市居民也经常在开放绿地以及城市公园等当中流连，现在园林景观设计是为了营造植物景观、优美的居住环境和户外休闲空间。艺术与科学的结合，艺术的美化，古典园林植物都强调艺术的原则。它往往运用不同植物的独特文化内涵，丰富植物的装饰内涵，珍视植物主人的思想感情。植物结构与诗歌的结合，如苏州拙政园的"田玄玄"和香蕉园的"听亭"，而拙政园以桂花莲香闻名。现代园林植物布局注重科学与艺术相结合的原则。工业化和城市化的快速发展在刺激了经济增长的过程中，也给周围环境带来了一系列的生态问题，这样的背景下人们就更加关注植物配置的价值和意义，如改善小气候、降低噪音和吸收等，植物配置形成的人工自然植物群落，可以大大改善城市生态环境，古典园林中的植物选择相对简单。据调查，江南私家园林重复率较高，如卓园、狮子园、幸福山庄、沧浪阁当中，木兰、桂花等无论是种类还是数量都是相当高的，并且有着较高的重复率。现代景观设计不再局限于少数观赏植物和诗意植物，而是更加注重植物材料和植物景观的多样性。

三、植物文化的发展

岭南园林是第一个吸收外国园林文化的地方。这是中外文化碰撞与融合的结果，也是各种山水画风格并存的结果。有大胆自然的英式园林风格，朴素的法式浪漫风格，美式自由抽象的现代风格，以及自然祥和的传统风格和现代"自由"的园林风格。由于不同类型的绿地有不同的植物美化方法，在不同的园林风格区域有多种植物美化技术，因此，广州园林中有许多绿色植物，如稀疏的森林草原和森林花卉。同时，在吸收和学习国外园林技术的过程中，为了体现真实风格，需要不断地从其他地区引进植物品种来体现它们的特点。近年来，广州因热衷于模仿热带滨海园林的特点，大量引进棕榈树来装饰空间。从20世纪90年代初到现在，物种数量迅速增加到几十种。文化享受的具体内容会在人们的日常生活以及精神享受物质享受方面得到体现，在应用的过程中体现了园林环境的实用性和观赏性，需要合理的布局和丰富的功能。为了美化环境，植物必须注重个人美的形式。植物必须在颜色，形状上都良好。植物景观结构细致有序，内容令人满意。商业文化的影响集中在利用植物景观改善商业成果上。

人们生活水平质量快速提高的过程中，城市的文明程度也在快速的提升，在这样的背景下，就必须要在发展经济的同时，充分做好植物文化和景观设计等内容，确保文化背景能够得到良好的继承，同时做好进一步的发展。

第五节　园林景观植物造景及配置

园林景观植物造景及配置在城市园林景观设计中发挥着极其重要的作用，能够为人们提供美好的园林环境。通过分析当前园林景观植物造景及配置存在的不足，提出改善方案，从而提升园林景观的整体美观性，提升园林绿化质量。

一、园林景观植物造景及配置存在的不足

（一）定位出现偏差

在园林景观设计方面，定位不对是较为突出的一个问题。由于工期短、设计时间紧迫等，园林景观设计人员在开展设计工作时，没有充分考虑到景观与周围建筑等环境的融合，使景观的定位和现代化的城市建设不符，园林景观无法满足人们对于美感的追求，也就不能受到人们的欢迎。

（二）配置缺乏合理性

配置不合理的问题主要表现在以下几点：首先，植物配置未能考虑到季节的变化。部分园林景观选择的树种较为单一，进入秋冬时节，园林中的树木大面积枯萎，这不仅使园林在美观方面存在缺陷，也不利于城市园林的绿化建设；其次，过于重视外来植物。有些园林设计人员认为外来植物比较稀缺，于是盲目地引进外来植物，忽略了本地植物在园林景观设计中的重要性，这就导致园林景观设计的外来色彩过重，难以体现当地的特色。同时，外来植物未必能适应当地的气候，有可能因为气候条件的差异而不容易成活；最后，色彩和形体的搭配不适宜。在配置植物的时候，过于看重植物自身的形态和色彩，未能将周围的建筑环境考虑到其中，极大地影响了园林的呈现效果。

（三）未能做到因地制宜

在园林景观设计中，植物造景和配置不仅仅要考虑当地的地理环境和气候等因素，同时要了解植物本身的生长习性，明确哪种植物适合生长在什么样的环境中，哪一类的植物会给环境带来怎样的影响。然而，在实际的造景和配置过程中，设计人员欠缺这方面的考虑，把一些喜湿喜热的植物种植在较为干旱的区域，这明显是不科学的。

二、园林景观植物造景及配置方案

（一）重视植物造景的内涵

园林景观设计人员在开展工作之前，应当对相关内容进行深入的分析，对当地的社会文化和城市环境进行充分了解，从而在园林景观设计中更好地完成植物造景和配置工作，避免忽略整体的美感。在配置园林植物的时候，应当分析当地人的审美观念，确认当地人的喜好，使园林设计工作能够满足人们对于美感的追求。另外，还应当深入地分析植物的

生长习性、形态色彩等，根据园林景观预期的功能，加入山水、楼阁等辅助景观，让人们能够和大自然亲密接触，从中体会到园林景观的独特魅力。

（二）提高造景及配置的合理性

植物造景与配置应当合理、科学，园林景观设计人员一方面要对园林的具体功能进行分析，明确园林建造的主要目的，在设计工作中，要始终围绕园林的主要功能开展工作，还要充分考虑生态平衡的问题，让园林中的各种植物能够相互促进，共生共长。园林景观设计人员应当结合生态理论和园林设计知识，在以当地特色植物为基础的前提下，设计富有当地特色的园林景观。同时，也可以适当地引进外来植物，在保证生态平衡的情况下，引进外来植物，进而为园林景观增添色彩。

（三）造景与配置应当因地制宜

因地制宜就是在设计园林景观时，植物的造景和配置应当充分考虑到气候、地点、种植时间等多个因素。只有选择适宜当地气候的植物，才能保证其长期、正常地生长，让园林景观始终保持生机。选择合适的地点可以为植物提供更好的生长环境，避免因为种植地点不合适而破坏整体的美感。选择合适的种植时间可以保证植物的成活率，降低园林景观的整体造价，提供更为良好的园林景观。

在未来的工作中，相关人员要继续加强对园林景观植物造景及配置的重视，不断加强对园林景观植物造景及配置的建设，通过合理配置资源，实现园林景观植物造景及配置的不断优化与调整。

第六节　园林景观中的光环境

现代化的都市生活更加注重夜晚生活的品质，城市居民的夜生活不单单游走于商场娱乐空间，还有大量居民会选择在公园绿地进行夜间娱乐活动，这就要求园林景观中照明设计不仅要满足基本照明功能，还应具有可读性、艺术性、互动观赏性等特点，在园林景观中实现光环境的意象营造。

随着现代化城市的高速发展，不夜城逐步成为城市发展的另一面，与之相并的是照明设计的诉求越来越紧迫。从中国夜间灯光分布卫星图可以轻松准确地判断出北京、上海、广州、深圳这四座一线城市的位置；密集的亮点形成圆点，圆点连成网面，网面面积越大、密集度越高则代表城市居住人口越多，夜生活需求也就越高，同时也是经济较为发达的地区，可见景观照明已经成为城市规划设计的重要组成部分。在照明设计发展过程中也出现趋同化现象，加剧了"千城一面"的现况。目前我国园林景观中光环境面临着照明形式单一，照明手法不够丰富有趣，降低了夜景观的互动性，灯光整体性艺术性不足，各照明之间缺少连贯性和统一性，后期管理不足或造成资源浪费，缺乏人文关怀。

一、灯光文化

我国园林设计在世界园林史上举足轻重，而园林夜景却少有提及，事实上我国自古在造园业及灯光文化都具有较深厚的历史。我国自古灯光文化盛行，在电灯尚未传入我国时早已有大量的夜游园林的记载。春秋《礼记》记载"庭燎之百，向齐桓公始也。"这是我国城市照明的开始，再从成语"张灯结彩""万家灯火""灯火辉煌"，到与"灯"有关的节日：元宵节，传统文化的观灯节；中元节，民间祭祀，河灯超度；中秋节，"放天灯""点塔灯"的节日活动；春节点灯笼……均可以看出古人对"灯"赋予了一种美好寓意。随着科技发展，应借鉴园林组织语言配合现代照明技术，重组园林景观光环境。

二、园林景观中的光与影

法国著名建筑大师勒·柯布西耶曾经说过"建筑是集合在阳光下的体量所作用的巧妙，恰当而卓越的表演。我们的眼睛生来就是为了观察光线中的形体，光与影展现了这些形体。"同样园林景观中的光影亦是空间的灵魂。随着太阳东起西落，阳光透过叶片洒下斑驳阴影，微风掠过树影下是跳动的精灵，灯光使黑夜的舞台呈现着不一样的光影效果。

园林夜景观是潜在的景观资源，园林景观光环境是指照明设计下的光系统，包括照明设计标准、方式、种类、照度、色彩等。园林景观中光环境既要满足人们的基本照明需求，又要兼备艺术性、娱乐性，要将单体照明逐步走向有规划设计的系统照明，从单一走向多元、丰富、环保的照明方式。

三、园林景观光环境的营造

园林景观中灯光可以调节场地中色彩、形状、比例、质感之间的关系，通过运用光的角度、照射范围、亮度达到抑扬，隐现，虚实，动静的空间效果。在景观中建立光的构图，组织光的秩序，控制空间节奏。当场地空间过空过大时，用灯光照度与照射范围调节空间感；当场地空间单调时，运用灯具造型和灯光效果丰富空间感受；当场地空间不协调或者缺乏核心时，用光的分散、组合、强调、减弱等手法改善。园林景观由众多要素组成，笔者主要从植物、水体、山石、道路四方面进行照明规划，分析园林景观中光环境的营造。

（一）植物与光

植物是园林景观中体现生命力的核心要素，明代陈昊子在《花镜》中说到"有名园而无佳卉，犹金屋之鲜丽人。"植物是园林景观的主要素材，在景观中地位可见一斑。植物的品种繁多，形态多样，部分植物会随四季更替发生巨大变化，因此在园林景观照明设计中是最具难度的。夜间照明会改变植物生长常态，光合作用会影响植物的生理机能，据实际观测表明，长期照明的植物到深秋和冬季时会延迟树叶变黄和凋谢的情况，另外灯具散发的热度和光照颜色也在慢慢改变着植物生长的正常轨迹，因此在植物照明设计中应该尽量避开对植物进行光合作用的红光，且红光到红外线这段区域的光谱。不同植物的造型和颜色也不相同，因此要考虑光源照射方法，包括上摄照明、下摄照明、侧向照明，或照明组合方式，根据园林景观场地选择光源色彩。在夜景观植物照明选择时，建议多选观赏性高、差异性大的植物。

（二）水体与光

在我国古典园林中水是必不可少的，水是生命之源，人类和自然生物一样兼具亲水性，因此很多园林景观中会有各种形态的"水"：如湖泊、溪流、瀑布、喷泉、跌水等等。水体照明借助水体的流动性和流水声愈加生动有趣，是光环境中观赏性最高的一种。在光环境的设计中应借助灯光着重强调水域安全问题，既能满足人们观赏也可提醒人们保持距离。

（三）山石与光

山石作为园林中的硬质景观，其质感可通过光影关系强调或削弱。设计师借用假山碎石的造型比拟自然风光，夜景观中可通过照明设计呈现不一样的空间感受，使得空间更加丰富有趣，使白天一览无余的山石在灯光的处理下显得更加神秘。

（四）道路与光

道路是园林空间的骨骼，具有组织空间、划分区域、交通游览等重要职能。在园林道路的夜景观中往往以路灯为主要照明，搭配辅助光源营造良好的氛围。昏暗的灯光环境不利于安全性，过于明亮的道路灯光会影响游园体验，因此照度应适当得宜。照明设计既要让人感受其光感带来的舒适，又要适当隐藏灯具的巧妙，让人们在无形之中感受光带来的乐趣。

园林景观中通过光环境塑造使得景观节点、道路、景色更容易被认识，进而组织并辨认出一个完整的园林景观形态。在游园过程中起决定作用的是环境意象，这种意象是个体头脑对外部景观环境归纳出的图像，园林意象由三部分组成：个体、结构和意蕴，个体即每个游园的参与者，结构即园林景观的空间结构，意蕴则是光环境下营造给人的心理情感反馈。园林意象是游园者与所处环境的双向作用结果。照明设计对于园林景观不仅是仪表测量下精准舒适的照度，更是需将空间中各要素共同联系在一起，提升园林景观中的光环境，进而塑造园林意象。

第二章
园林景观规划

第一节　园林景观规划的文化和主题

园林景观是城市建设的一个重要组成部分，在满足人们生活需求的同时，凸显了城市的文化与内涵。园林景观为人们生活、娱乐休息提供了一个场所。园林景观规划要加强文化和主体的应用，更好地体现园林景观的美。当前园林景观建设过程中对文化和主题的应用存在着一定的问题，需要我们采取有效的措施加以应对，本节对此进行论述。

一、园林规划中应用主题和文化的意义

（一）自然景观与人文特征相融合

现代园林规划过程中对文化和主题的规划能够推动园林自然景观与人文特征的有机结合，从而更好地满足人们审美的需求，能够更好地彰显园林景观的独特之美。园林景观加强文化和主题的应用，一方面丰富园林的内涵，提高园林的审美性，使得园林景观更加多样化；另一方面通过文化和主题的应用，帮助园林更好地展示独特美，从而凸显园林的特殊性，提高园林的审美。一些园林在主题和文化应用的过程中，将中西方因素相融合，不仅突出时代文化，还能够更好地吸引观赏者，推动园林景观价值的实现。

（二）促进园林景观发展

在园林景观设计的过程中，将文化和主体应用相结合，能够有效地促进园林景观设计快速发展，将时代性、地方性的独特文化充分的展示在园林景观之中，从而愉悦欣赏者，更好地促进园林景观事业的发展。园林景观的设计，一是能够通过园林景观凸显的文化和主题，激发观赏者的想象力，渗透出对观赏者潜移默化的教育；二是激发观赏者欣赏园林景观，发挥园林景观的作用，还能够推动园林景观设计的多样性，推动园林景观的发展；三是在现有园林景观主题的基础上，不断通过设计升华景观，营造更好的主体，推动园林景观设计更加独特化，促进园林景观快速发展。

二、当前园林景观主题和文化应用存在的问题

（一）过于关注表面，忽略了内涵文化

园林景观设计的目的是为了厩，因此在园林景观设计过程中对园林内的每一物的设计和布置都需要经过规划设计才能够开展，尤其是城市中的园林景观，其设计要切实符合城

市发展要求，做到与城市文化相融合，但在这个过程中，园林景观设计往往断章取义，只关注到了外在的美能够与城市发展、规划等融合，过度地追求外在美，忽略了内在主题和文化的设计，因此这些园林景观只能被称为景色较美的地方，难以起到净化心灵的作用，往往难以给人留下深刻的印象。

（二）文化与主题与园林环境未能有效的融合

园林景观设计之前应当做好选题，选择合适的文化和主题，从而统一设计与建设，这样才能确保园林景观体现出主题与文化，但是，在当前的园林景观设计过程中，往往忽略了主题和文化与园林环境的融合，导致了主题与文化要么未能充分的展现，要么与环境显得格格不入。园林景观与主题文化未能有效地结合使得整体环境不和谐。

（三）主题过多，整体杂而乱

园林景观在设计与规划过程中，为了凸显园林景观的文化内涵，需要对园林景观设计一些主题，与园林景观相协调，但在实际建设过程中，为了起到移步换景的效果，设计中往往会引入不同的主题来设计园林景观，这就导致整体景观较为混乱，无法展现核心主题，让整个环境变得杂乱无章，缺少真正的美感。

三、园林景观规划中文化和主体应用的策略

（一）因地制宜开展园林建设

因地制宜是我们开展各项工作都需要遵循的基本准则，园林景观设计也是如此。在园林景观设计过程中，要根据自然条件的设计情况以及规划的园林景观设计目标来进行综合性的分析，推动二者自然环境与园林景观设计工作能够实现和谐统一的效果。园林景观规划的过程，一方面是构思园林艺术的过程，另一方面也是实现园林景观设计内容与形式相统一的过程。在开展园林景观设计工作前，我们首先需要对园林的性质以及功能进行定位，从而明确设计的主题，根据设定的主题对园林景观开展构思工作。主题确定过程中，一是要考虑园林景观的地理位置、自然环境；二是要符合民族文化特色、城市建筑风格，实现整体环境的和谐统一。例如，我们对城市广场的设计，城市广场作为满足城市发展需要、展示城市风貌的场所，其承担休闲、文化、商业等多种功能，是城市的名片，展示城市的文化特色，因此我们在建设过程中，要坚持创新，既要符合城市的这个题风格，关注与传统，又要符合时代发展的趋势，加强创新，而游园则不同，游园建设的目的是为人们提供休闲休憩的场所，因此在游园主题和文化的设计中，就要综合考虑各年龄段的审美，适合各种各样身份的人，贯彻以人为本的理念来开展设计与建设工作。

（二）统筹全局，实现整体与部分的统一

园林设计过程中一定要关注整体环境的和谐统一，因此在建设过程中一定要对全局进行统筹，让局部景观的建设符合整体环境的风格，实现整体与部分的统一。在园林设计过程中，要确定一个中心主题，在对各种文化景观进行建设过程中要切实符合中西思想的要求，实现部分促进整体、整体依托部分的发展。例如，我们在规划假山瀑布时，对于假山

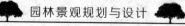

也要注意高低起伏、有曲折、有迂回，体现出嘉善的特色，对于瀑布也要设计好水流路径，同时要使瀑布与假山二者相融合统一。

（三）坚持古今结合、中外结合

伴随着改革开放，我国与世界接轨越来越紧密，经济发展也越来越好，在全球化的背景下，文化开始了交流与碰撞，在园林景观设计过程中，我们可以借鉴西方园林设计中好的思路与做法，并与我国传统的优秀的园林设计方法相融合，在中西结合过程中推动园林景观设计更出众。做好古今融合、今外融合，真正做到将园林景观设计面向世界，博采古今和中外，实现以我为主，为我所用。

园林景观规划与设计过程中，要切实加强文化和主题的应用，使园林景观在风景秀丽的同时凸显文化内涵，更好地陶冶情操。

第二节　儒家文化与园林景观规划

中国文化博大精深，源远流长。儒家文化亦如此，我国著名思想家以及教育家孔子就是儒家文化的主要代表人物。孔子的所有理念中有一项理念叫作生态美学理念，这一理念中蕴含着许多环境保护以及生态意识观念，对我国园林景观的规划以及设计有着非常重要的指导作用。早在先秦时期，人们自身所具有的朴素思想观念以及当时单纯的环境意识二者相结合形成了这一理论，这一理念成功的作为了我国生态环境保护意识以及生态美学思想的开端。本节主要以儒家文化为主，探讨了儒家文化对园林景观规划的重要性，尤其是将传统的儒家文化充分的应用在现代的园林景观建设上面，最终使当代园林景观更加合理、更加绚丽。

现如今，广大人民群众的生活越来越好，无论是交通还是运输变得越来越便捷，社会的进步与现代化科技的逐渐普及离不开我国现代文明的进步与发展，在此基础之上，我们也在面临着生态环境恶劣变化的问题。许多生活的便捷都是以破坏自然环境作为代价而换取回来的，但是有些环境的破坏是不可逆转的。基于此，人们应该从自身反省，及时树立正确的价值取向以及哲学观念。这一观念早在儒家思想有所体现，"天人合一"这一观念是由儒家提出，儒家认为人们既不能成为大自然的主人也不能成为大自然的奴隶，人与自然平等，且二者不可分离。

一、儒家文化的生态美学和生态环境思想

提出生态环境思想正是儒家文化代表人孔子，这一思想自身所具有的开创性以及独特性为当代园林景观的规划以及设计提出了非常重要的参考依据，而且还作为了当代人们处理人与自然关系理论依据。孔子虽然比较敬重天地，但是他并不以天地为所有，他相信世间人与自然之间有着必然的联系。孔子的文化理念都是从实际而得出来的，这些理论应用

性比较强，不仅具有合理性以及客观性，而且还从仁爱的角度提出人与自然应该友好相处，人们应该尊重、保护大自然。

二、儒家哲学意识对园林景观设计的影响

（一）儒家哲学思想"天人合一"的内涵

景观规划的思想来源就是儒家文化的哲学思想。孔子曾曰："天何言哉？四时行焉，万物生焉，天何言哉！"这一句话完整的体现出，规划设计是一个动态的建设过程。它告诉我们应该用变动的眼光去看待问题，而不应该静态的去思考。用流动的眼光进行设计，使各个环节都能够完美地串联在一起，使园林景观更加具有连贯性和流动性。"天人合一"这一儒家哲学思想，主要想表达的是人们在规划设计园林景观时，应该以积极的态度去处理人与自然环境二者之间的密切关系，以此来保证园林景观的可持续发展。

（二）园林景观规划设计中人的主体性是由儒家思想确立的

儒家文化所包含的三个主要内容是"仁、义、礼"，其中的"仁"主要讲究的是尊重、敬爱他人，并且安人之道也体现在其中。人在天地间的主体性是由儒家思想中的仁学而建立起来的。园林景观规划设计的主要目的是更好地为人民服务，在为人民服务的同时也要满足大自然的生态环境，所以现代园林景观在规划设计时要具有变动性、综合性以及包容性，其中儒家思想中特别强调的是以人为主体，以人为主体更加表明了人在自然社会中是处于主体地位的，其次也明确地表现出人在历史发展中是具有引领性的。以人为主体的哲学理念正好符合了园林景观规划设计的流动性和创造性。除此之外，人的社会性也体现在儒家文化"仁"学文化中，人在社会上的引领性和主体性是不可否认的，以至于，现代园林景观的规划设计也应该体现出社会道德伦理的观点，设计者在设计时应该学习儒家思想，应该合理应用儒家文化中"仁"学思想所要表述道德理论层面的人的主体地位以及社会责任感，任何一位设计者都应该先明确自己设计的初衷和设计目的，并且牢记在心，这样才能够设计出更加具有时代意义的作品。

（三）儒家文化中"天人合德"思想

在儒家文化中，我们需要学习和遵循的还有"天人合德"这一思想。"天人合德"主要强调，人虽然是世界的引导者，但是，人并不是自然万物的主宰者，不能对大自然为所欲为，而是要尊重大自然，尊重天与地，对大自然中的万物进行了解，并遵循、适应它，而不是想方设法地去改变他，这就是大自然的生态伦理。衡量世界的尺度标准不仅只有人，还有大自然，我们应该从自然、社会以及人这三个方面对世界进行衡量，对自然、社会以及人三者之间进行协调，使社会更具有系统性。这一系统性恰恰就是园林景观规划设计者在规划设计师需要注意的，站在顶层总揽全局，全方位地考虑问题，使各个体系都能够串联起来。水体、建筑等等这些之间的协调性是园林设计中一些比较小的方面，大的方面则是人与自然、人与社会之间的协调性。儒家文化中"天地合德"这一思想所注重的就是这种协调性，将各个方面都联系起来，形成一个整体，因此，学习儒家文化，并将它合理地

应用到园林景观规划的设计当中，对其园林景观的更新换代有着非常重要的作用。

（四）儒家文化中"仁者以天地万物为一体"的整体思想

整体性这一思想是儒家文化在强调流动性的同时也在注重的一点，并且这一思想并不是简单地强调，而是具有明确的严格规定。"仁者以天地万物为一体"是指将世界万物全部都归集为一个整体，强调自然界各个元素轨迹所形成的一个完整的自然体系。儒家文化主要代表人孔子的仁德思想不仅仅针对人，而且还针对世界万物，明确提出仁爱与生态并重的这一整体。儒家文化这一哲学理念应该充分地应用在园林景观的规划与设计当中，从整体上来考虑，儒家文化更多的在于注重园林景观的整体性，以至于在未来几年内整个园林能够经得起考验。

综上所述，仁爱之心为儒家思想所强调的，儒家思想对待世间万物也亦如此。每一位园林景观的规划设计者都应该努力学习儒家文化，并结合实际情况将儒家文化思想合理地应用在园林景观的规划设计中，这不仅能使整个园林景观极大地满足人们的生理需求，而且更能够满足人们的精神需求，最重要的还符合大自然的生态环境需求，使得园林景观的规划设计具有可持续性，并具有一定的时代意义以及文化价值。

第三节　声景学与园林景观规划

城市景观的最重要组成部分是园林，园林景观体现着一个城市的精神面貌，在美化环境的同时，丰富了人们的精神文化生活，使人们的生活质量得到了提高，但是随着城市经济的快速发展，园林景观面临的环境越来越复杂，为了保证园林景观的科学性和合理性，将声景学融入园林景观规划设计当中成了必然的趋势。本节将主要阐述声景学的基本概念和构成要素，并且探讨声景学在园林景观规划中存在的问题以及一些声景学在园林景观设计中应用的措施。

随着社会的快速发展和人们生活水平的提高，人们对园林景观的要求也越来越高，为了满足人们的需要，在园林景观规划过程中，将声景学融入园林景观规划过程中已经成为必然的要求。将声景学渗透到园林景观规划过程中，不仅可以提升园林景观的艺术效果，而且可以增强园林景观的生命力，从而可以使得园林景观规划设计更加合理、进一步提高园林景观设计的水平。

一、声景学的含义和相关要素

（一）声景学的含义

"声景"这一概念是在20世纪初，由芬兰的地理学家格拉诺提出的，随后加拿大的著名音乐家对其进行了详细地解释。声景主要是指在大自然环境中，一些能够值得欣赏和记忆的声音，而声景学是指研究这种声音的一种学科。随着声景学的发展，声景学被越来越多的认可，给人们带来了更好的审美体验，因此声景学也被应用到了园林景观规划中。在园林景观规划过程中，越来越多的规划师、设计师喜欢将声音运用到其中，不仅增加了园林景观的动态美，而且从整体上增加了园林景观的美感。

（二）声景学的相关要素

声景学的相关要素大体上可以分为两大类，分别是自然界的声音和人工声音。自然界的声音主要是指风声、流水声、树叶声、下雨声、鸟叫声等一系列未经人类改变过的声音，将自然界的声音融入园林景观规划中，可以创造一种生动的生态意境，从而使人们感受到大自然的美好和惬意。人工声音主要是指人在说话过程中发出的声音，或者人在进行活动时发出的声音。传统的园林景观设计观念认为人工声音是多余的，刻意强调要避免噪音，并且认为将人工声音融入园林景观规划中不能体现园林景观的静谧。随着声景学的发展，园林景观设计师为了让人们感受到园林景观的安全感和归属感，结合具体的环境和场地将一些有辨识性的声音融入园林景观规划中，从而给人们带丰富的听觉享受。

二、声景学应用于园林景观规划中存在的问题

（一）重视程度不够高

声景学在我国园林景观规划设计过程中应用的比较晚，由于声景学的积极作用还没有得到广泛的认可，社会对其的认识程度不够高，因此制约了声景学在园林景观规划中的应用。在我国园林景观大多数都建在一些人口较多、交通发达的地方，园林景观很容易受到汽车鸣笛、人的发生喧哗等外界声音的干扰，因此政府相关部门对声景学不太重视。

（二）缺乏科学的评价标准和规范体系

我国的园林景观规划设计师在将声景学应用于园林景观设计过程中时，很容易造成一种极端的现象。声景学包括两种声音：①大自然声音；②人工声音，由于缺乏科学的评价标准，园林景观规划设计师在将声音融入园林景观规划中时，经常采用大自然声音，不采用人为声音，或者大量地采用人为声音，一味地摒弃大自然声音。

（三）难以满足当地人们的需要

我国幅员辽阔，人口众多，不同地区有着不同的文化传统和风俗习惯，不同地区人们的喜好也是有所不同的，比如我国北方的人们大多数都喜欢京剧、豫剧、二人转等，我国的南方人们大多数都喜欢黄梅戏、粤剧等。有的园林景观规划师在规划过程中无视当地人民的生活喜好和生活特点，盲目地将声景学融入园林景观规划中，这样的行为不仅不能够满足人们的需要，不能给人们带来丰富的审美体验，而且还会造成一种经济的浪费。

三、声景学应用于园林景观规划中的改进措施

（一）政府应加大扶持力度

园林主管部门应该加深对声景学的认识，并且加大对声景学的重视程度和宣传力度，另外，政府部门也要加大资金投入，对园林景观规划人员进行定期地培训，鼓励他们学习

新的技术和新的观念。政府部门可以将密植植物墙、隔音板、墙或吸音海绵等设施设置到园林景观中，从而为声景学在园林景观的应用打下坚实的基础。

（二）制定科学的评价标准和规范体系

政府相关部门和园林主管部门应该对声景学的应用方式进行研究，并且鼓励园林景观规划人员积极创新，然后根据具体的实际状况和园林景观的发展趋势，制定和完善科学的声音应用规范，从而帮助园林景观规划人员更好地完成工作。目前，我国对声景学的应用还不够广泛，但是政府相关部门和园林主管部门制定出科学的评价标准和规范体系之后，就可以解决人工声音和自然声音难以均衡的困境，从而提升我国的园林景观规划水平。

（三）园林景观规划师要加强基础调研工作

在园林景观规划过程中，规划人员不仅需要考虑环境和场地的关系、植物的配置、艺术效果的渗透等，而且还要遵循因地制宜的原则，否则将无法满足当地人们的生活需要。为了使园林景观更好地为人们服务，园林景观规划人员必须加强基础调研，深入了解不同地区的文化传统和人文风俗，然后根据调研的结果选择合适的声音类型。在园林景观规划过程中，规划师必须要根据当地的文化传统设计出几套不同的方案，然后让当地的人民代表选择出一套比较科学合理的方案，从而提升园林景观规划的合理性。

综上所述，园林景观是城市的重要组成部分，它可以丰富人们的精神文化生活，因此提升园林景观规划设计水平是必然的趋势。风景是园林景观中必不可少的一部分，由于受政府的重视程度不够高、缺乏科学的评价标准和规范体系等因素的影响，风景学在园林景观中的应用受到的严重的制约。为了提升园林景观规划设计的水平，政府相关部门和园林主管部门应该加大对风景学的重视程度，深入了解风景学的应用特点，并且制定和完善相关的评价标准和规范体系，从而为风景学在园林景观规划中的应用提供扎实的依据。

第四节　生态理念与园林景观规划

保护自然生态系统、创造可持续发展的人类生存环境，已成为21世纪景观的首要任务。受此影响的生态学景观规划思想当是未来景观设计的主导思想。本节分析了园林景观规划中的生态理念及规划现状，并从自然元素与人工元素两方面探讨了生态理念在园林景观规划中的应用。

一、园林景观规划中的生态理念

从20世纪60年代以来，为保护人类赖以生存的环境，欧美一些发达国家的学者，将生态环境科学引入城市科学，从宏观上改变人类环境，体现人与自然的最大和谐。生态园林正是被看作改善城市生态系统的重要手段之一，所以说现代城市园林景观规划设计应以生态学的原理为依据，达到融游赏于良好的生态环境之中的目的。

关于生态,有几点须要进一步论述。生态学的本意,是请求景致园林师要更多地懂得生物,认识到所有生物互相依附的生存方法,将各个生物的生存环境彼此衔接在一起。这实际上请求我们具有整体的意识,警惕严谨地看待生物、环境,反对孤立的、盲目整治行动。此外,生态学原理请求我们尊敬自然,以自然为师,研讨自然的演化规律;要顺应自然,减少盲目改造环境,减低园林景观的养护管理成本;要依据区域的自然环境特色,营建园林景观类型,避免对原有环境的彻底损坏;要尊敬场地中的其他生物的需求;要维护和应用好自然资源,减少能源耗费,等等,因此,荒地、原野、废墟、渗水、再生、节能、野生植物、废物应用等等,构成园林景观生态设计理念中的症结词汇。

二、现代园林景观设计中存在的问题分析

在城市园林建设中,园林绿化建设中存在着注重视觉形象而忽略节约理念和环境效益的现象。水景泛滥、填湖造园、反季节栽植和逆境栽植、大树进城、大草坪的建造、豪华高档装饰材料的过度应用、高价点亮城市夜景、大面积硬质铺装等建设活动,不仅造成宝贵资源的严重浪费,而且耗费巨资带来的是当地景观特色的严重丧失。

(一) 水景设计

首先人造水景,如喷泉、瀑布、人工湖等,一般独立于城市的天然水系,依靠城市自来水系统维持,每年需消耗大量的水资源,利用后的水也多直接排于下水道,而没有用于绿地浇灌或是补充到城市水系。再者,现代水景常设计成弯弯曲曲的浅水沟渠,水底和驳岸采用硬质铺装,水生植物难以生长,植物对水体的净化功能无法发挥,致使水质保持难度明显增加,而为了保持景观效果就必须经常换水。

(二) 高能耗灯具

强力探照灯、大功率泛光灯等高亮度、高能耗灯具常被用作造景灯具,道路和广场上的路灯和景观灯排列密集,每当夜幕降临便出现"火树银花不夜天"的景象。很多城市照明严重超标,能源浪费和光污染严重。

(三) 植物配置不科学

许多绿地的设计建造中,为取得短时见效的效果,仅是将绿化苗木随意搭配种植在一起,而不注重植物景观层次、乔灌草配置比例、季相变化和长期的景观效果等因素,这样不科学的植物配置不但不能收到良好的景观效果和生态效应,反而消耗了大量的养护资金,浪费问题已经非常明显。

三、生态理念在园林景观规划中的应用

(一) 自然元素规划

搞好植物配置,提高单位绿地面积的绿量。绿化植物的选配,实际上取决于生态位的配置,它直接关系到绿地系统景观价值的高低和生态与环保功能的发挥。在同面积的绿地中,灌丛的单位面积绿量或叶面积指数和生态效益比草坪高,乔、灌地被植物结合的又比

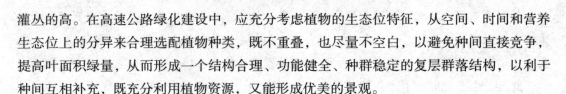

灌丛的高。在高速公路绿化建设中，应充分考虑植物的生态位特征，从空间、时间和营养生态位上的分异来合理选配植物种类，既不重叠，也尽量不空白，以避免种间直接竞争，提高叶面积绿量，从而形成一个结构合理、功能健全、种群稳定的复层群落结构，以利于种间互相补充，既充分利用植物资源，又能形成优美的景观。

（二）人工元素规划

所谓人工元素是指园林中的各类建筑物和构筑物。园艺小品，一座小桥、一片旱池、一堆桌椅、一座小亭、一处花架、一个花盆、都可成为现代园艺中绝妙的配景；雕塑小品，有石雕、钢雕、铜雕、木雕，设计时要同周围小环境和城市公共园林风格主题相协调；设施小品，要求美观实用，比如灯具有路灯、广场灯、草坪灯、建筑轮廓灯等，还有指示牌、垃圾桶、公告栏、电话亭、自行车棚等公共设施。

1．园林灯具应用

（1）发掘园灯应用潜力。在满足园灯基本功能的前提下，尽量发掘其应有潜力，丰富园灯造型、强化功能，使园林灯具不再是造价昂贵、功能简单的"灯"。

（2）合理搭配、正确选择灯具。营造一个良好的灯光环境需要景观设计师和灯光设计师进行沟通和协商，要达到的效果和可以达到的效果不能分开而论，两者密切联系、缺一不可，而正确的选择灯具则是让理想的效果可以保持一个稳定状态的前提。具体可以根据使用环境的情况参照 IP 等级。

（3）避免光污染。避免光污染主要从灯具的位置和数量着手。例如在道路旁，最好是选择使用折射照明方式或者散射照明方式的灯具，而在游人较多的区域就要特别注意各种灯具的摆放位置，避免灯光的直射，尤其要注意控制强光照的灯具的数量。

2．借助科技，选择高技术的景观设计

科学的发展推动了技术的进步，利用高科技技术和材料减少对不可再生资源的利用已成为当今生态设计的重要手法之一。巴黎的阿拉伯世界研究所中心截获太阳能和躲避太阳光为目的的镜头快门式窗户是高技术和现代形式结合的体现，不管现在看来它的设计是否成功，它所体现的设计理念都表现了人们对自然能源的一种关注。Bodo Rasch 为沙特阿拉伯麦加某清真寺广场设计的遮阳棚是由太阳能电池控制其开合的，伞的机械用电可由太阳能电池自行解决。以最大限度应用自然能源为导向，以德国为代表的世界各国的研发机构开发出了多种用于建筑和景观的太阳能设备，例如德国研发的航空真空管太阳能收集器、高效太阳能电池、隔热透明玻璃等。目前，我国已有建成的公园采用太阳能灯具，如上海炮台湾湿地森林公园。

第五节 居住小区的园林景观规划

随着时代的发展，景观规划和景观设计越来越与人，文化，自然和谐相处，但是，有些设计师片面追求效率，不关注设计项目的文化内涵。他们只关注形式，或者只是模仿具有文化意义的符号。现在人们更关注居住环境的舒适与美观，因此，景观规划显得尤为重要。

一、居住小区景观规划的优化目标

经济发展要求人们逐渐形成社区精神意识，关注个人从大家庭回归小家庭，并要重建社区精神。居住区景观在良好社区中的作用不容忽视，多种因素的和谐共生是现代社区居住景观建设的关键。和谐涵盖了人与自然的和谐，居住区外部环境的和谐，不同年龄段居民和收入水平的和谐，社区的居住景观是人类智慧和技能的结晶，以及其建筑风格，景观布局等的映射。时代的经济，技术和文化水平也反映了社区居民的社会关系。为改善当地社区生态环境，不要破坏现有的良好生态环境，营造适宜的居住景观，促进人工环境与自然环境的协调发展，是居住社区景观的生态目标。充分利用空间资源，降低建设成本和相关管理成本，实现资源回收再利用的初衷，从而建设节约型住宅社区。

二、居住小区园林景观规划的影响因素

不同的城市在地理位置，气候和地貌特征上存在差异。住宅园林景观的规划应结合每个城市所处的独特地理环境。区域环境应作为社区景观建设的起点，整体景观要以有利的地形和景观为基础，且布局是合理规划的。不同城市的不同发展过程导致了他们自己独特的人文和历史的形成。如果我们将社区住宅景观建设与深厚的文化传统相结合，这种独特的文化可以继承和发展。另外，在社区园林建设中，应该适当考虑和维护各民族的风俗习惯，以提高住宅园林景观的价值。

三、居住小区园林景观规划的原则

以人为本的原则。住宅建筑的现代目的不仅是居民娱乐。要求遵循以人为本的原则和将花园应用于人类的原则。它不应该像所谓的"欧洲风格"一样盲目追求外国模式。应该根据实际情况，根据当地的特点，景观的实际情况，充分体现人的本质。

适应当地条件的原则。住宅景观规划充分利用社区原有的地形，根据社区面积选择适合开发和管理的绿色植物，减少社区园林建设不必要的资金投入，且施工成本也应该降低。在设计的早期阶段，根据该地区的综合文化来决定花园中的植物，必须考虑节能和美观。例如：欧洲住宅小区需要选择梧桐，雪松等欧洲风格。树木的选择需要根据当地的气候条件进行调整，并结合树木和树木的特点和颜色的变化来构建各种绿地。同时，社区不应该砍伐树木，以免影响人们的居住和儿童的安全。花卉和植物可以以各种组合方式使用，创

造一个美丽而舒适的风景，打破住宅建筑的单调。

创新原则。中国数千年来拥有深厚的文化底蕴。哲学思想的整体概念"人与自然融为一体"，把人与建筑、自然环境视为完整的生物。在继承传统文化概念的同时，我们必须继续创新，打造一个更有特色的，不同效果的景观。

作为设计师，我们需要在住宅区规划中进行创新，获得大量的知识，并灵活地获取和应用它。在创新设计和景观规划理念下，景观不仅反映风格和特点，还必须营造一种文化氛围。因为生活习惯和文化是紧密相连的。

四、住宅小区园林景观规划的创新

住宅区和辅助设施。居住区，要考虑生态环境的交通条件，日照时间，根据本地区的地域特性制定计划。居住区的交通网络，不仅要满足道路系统是一个主题景观，还要追求人在环境中感觉舒适。同时为了改善居民的舒适生活，住宅花园的景观设计尽可能采用分层设计的方式。例如，社区的主要道路采用迂回路线而不是常规的网格模式来改变居民的道路景观。这应该是减少汽车污染，改善人们步行时休闲方式的主要方式。景观的空间层面表征了房屋的特征，并有助于提升身份和自豪感，因此，通往景观的道路是"惊人的，应该进入人们的思维"。良好的跨部门组织和清晰的道路体系是反映生活环境质量的重要因素。

社区景观设计的一个重要元素是水景设计。人们常说山上有水，因此，为了实现规模化，在社区设计中建立大面积的水域是不可或缺的。例如，户外社区级别的花园有供水。在社区的水景设计中，需要融合各种设计方法，在现代社区水域，我们结合水，喷泉，海堤等形式，形成浪漫而合理的组合，但是，无论采用哪种设计方法，我们都必须实现人性化设计。

依靠科学和文化来塑造社区景观的特点。基于对现代景观设计理念，从科学的角度出发，为了进一步强调人们在生活社区景观设计中的作用，避免急功近利以及艺术景观设计的盲目，我们必须依靠我们设计的科学文化做指导。在景观规划设计过程中，我们需要满足人们自然融合的迫切要求，引导人们回归自然。同时，我们也要注意当地的文化和自然的历史。为了造福人类的生存空间，他们设计理念应具有科学和地域的特点，并且应该以现代和当代的东西为基础。

从生活的角度来设计。住房规划和设计灵感需要受到启发和推动，生活是设计师创造力的无限源泉，因为它在社会和时间上不断变化。设计师，应该把传统设计与现代变革的设计理念相结合，了解来自社会各方面的文化元素，使景观设计展现人与文化的有效融合。

第六节　GIS 技术与园林景观规划

伴随着建筑及城市设计的数字化热潮，关于风景园林的数字化应用也越来越多，并展现出其在园林应用中的价值。

3S 技术是遥感技术（RS）、地理信息系统（GIS）和全球定位系统（GPS）三种技术的统称，使园林所涉及的专业外延更广、地理范畴更大，分析方法更数据化、科学化、专业化。通过对遥感技术采集的城市绿地覆盖信息等影像数据，全球定位系统的数据收集，可以省去大量繁杂艰辛且准确率不高的野外调查工作。

地理信息系统，简称 GIS，英文全称为（Geographic Information System）或（Geo-Information system），用于收集、存储、提取、转换和显示空间数据的计算机工具。简而言之，GIS 是地理空间数据综合处理和分析的技术系统。

一、GIS 在风景园林规划设计中的影响

地理信息系统 GIS 在国内景观规划中的应用，主要体现在微机硬件的发展及其许多附属功能上。各个地区的景观评估程度也可以通过 GIS、RS 和 GPS 收集的各个领域的信息进行提取和分析，GIS 技术系统会自动产生相应的评估结果，该方法可广泛应用于公共绿地，旅游景点等景观规划设计等。

二、风景园林学科中 GIS 的应用

（一）分析场地的地形

GIS 分析中常用的技术是地形分析，包括海拔、坡度坡向、水文等方面分析。同时，对于地形控制基地技术、水系统规划、排水分析、施工条件适宜性分析均具有较强的指导意义。

（二）分析场地的适宜性

这项技术主要是通过使用 GIS，通过对地形、水土、植被、施工等因素进行分析评估，采用地图叠加法对结果进行综合分析。相较于之前的定性分析和简单叠加各种因素的方法更加理性和客观。

（三）分析场地的交通网络

GIS 可通过构建网络数据集，导入现状要素（道路铁路、高架桥梁等）和点状要素（出入口、停靠点、交汇点），从而为基地道路交通规划及服务设施规划提供明确的指引。

（四）构建场地的三维景观

GIS 三维景观主要用于三维场景的模拟，也可用于模拟现状和规划地形。通过 ArcGIS 3D 场景模拟功能，可以在数字环境中直观体验地形和场地氛围。

（五）分析场地的视域

景观分析主要用于道路景观知名度和景观节点位置等景观规划。使用 ArcGIS，不仅可以分析景观的可视性，用于景观路线的优化，设计师也可以分析景观范围和景观视觉情况的各种区域。

三、GIS 的特点

（一）优势

首先，GIS 具有较强的实用性和综合性，利用 GIS 技术进行景观规划，有利于将分散的数据和图像数据集成并存储在一起，利用其强大的制作功能与地图显示，将数据信息地理化，从而形成可视化的形态模拟，方便景观设计师规划与设计；其次，GIS 可以将各种空间数据和相关属性数据通过计算机进行有效链接，提高景观数据质量，大大提高数据访问速度和分析能力。同时，也为长期存储和更新空间数据和相关信息提供有效的工具；再者，运用 GIS 技术建立不同类型的数据信息库，可以将空间数据和属性数据，原始数据和新数据合理标准化，提供科学依据的同时，有利于大数据资的资源共享。

（二）存在的问题

首先，GIS 尚处在普及阶段，一些 GIS 的开发虽然已经结项，但其中大部分系统的数据都没有对外公布。同时，由于技术上的问题，有些 GIS 系统未能达到最初设计时的目的，其数据结构的设定只能为某些特定问题的研究提供相应的服务；其次，GIS 数据存在安全隐患。从长远来看，信息社会是发展的一个主要趋势，开放的基础地理信息有利于为人们提供分析和研究的需要，面对不安全因素，不应坐以待毙，相反，应该加强自己的防守能力。但总的来说，GIS 技术的安全问题，我们还需要很长的时间去改进和加强。

如今，我国对于 3S 等新技术许多强大功能的应用，始终徘徊在应用程序的门槛之外。产生这样的原因除了风景园林涉及范围广、涵盖学科复杂外，各个领域参与不足，未能形成技术和发展的整体应用也是重要原因之一。由于现代信息技术在景观建筑的许多方面仍处于探索阶段，如何抓住这个机会，将其融入行业内的各个领域，是景观设计师的重要任务，因此，GIS 技术在风景园林中的应用任重道远。

第七节　BIM 技术与园林景观规划

随着 BIM 技术在建筑领域方面的应用越来越普遍，园林行业也在业内慢慢推广尝试应用 BIM 技术，但是，园林行业面临着多种难题，包括项目规模、园林业主与施工方的需求以及整体项目的综合效益评估，等等。在设计与施工阶段，对 BIM 的需求日益增加，在园林设计施工应用 BIM 的方面越来越多，包括场地设计、园林景观小品、园林建筑设计、项目结构整体布局等。应用 BIM 技术，可以使园林行业从设计到施工过程中实现二维图纸与三维信息模型的灵活转化与应用。

园林景观项目涉及的元素种类众多，地形起伏波动大，景观小品搭配丰富，植被花草颜色各异，在统筹多种元素方面会浪费了大量人力和物力，那么将 BIM 技术应用到园林景观布置方面便能解决这个问题。BIM 技术在园林景观布置方案上的应用，属于一个创新。

它通过创立三维数字化模型，不仅能在园林景观项目地形设计上给出解决方案，又能在园区植被选取与景区规划当中得到最佳效果，同时还可以在虚拟现实（VR）中给人更为直观的视觉、听觉冲击体验等。本节将结合实际项目对 BIM 技术在园林景观布置方案上的应用做详细解读。

一、BIM 技术在园林景观规划中的应用

（一）BIM 技术在地形设计中的应用

地形可谓是整个园林景观工程的根基与骨架，地形的起伏大小、地形的平整度，等等都综合影响整个工程的效果，在设计地形过程中，要综合考虑多方面内容，包括园林整体的景观效果、绿化面积、植物种植范围、园区小品安放以及园区道路等，在有限的面积内创造更多的效益。通过引入 BIM 技术，能过帮助设计人员简单轻松地进行地形设计，利用 BIM 软件利用等高线创建地形的功能，能够快速生成设计人员想要的地形模型，且更为直观地展现在设计人员眼前，如果生成的地形不满意或是不能够满足施工方面的需求，可以通过地形修改相关功能，能够在原有模型上进行多次修改，修改后的模型能够迅速反映相关参数变化，从而方便设计人员记录。当然在地形创建完成后，还可以创建公园园区道路，利用 BIM 软件路线 3D 漫游功能，及时观看道路两侧坡度是否满足设计要求与施工要求，还可以控制园区道路自身坡度，也就是纵断面形式，是否影响人们在园区散步的舒适度，进而使整个园区的设计更为人性化与舒适化。

（二）BIM 技术在景观规划中的应用

园林景观规划需要综合考虑多方面因素，包括人为因素与环境因素。主要涉及园区道路导向性、植被布局合理性、街道景观优化性、排水效率突出性，等等。通过引进 BIM 技术后，创建地形模型即为设计初始阶段，之后要进行园林规划的关键阶段，在地形模型之后便是创建道路路线、安放园区建筑小品、排布园区植被、模拟漫游等，在进行每一步操作过程中，均能实现三维立体化显示。

一方面，在创建道路路线过程中，可依据路线导向设计方案，并综合分析地形起伏状态，三维模拟路人游览园区路线，分析路线设计是否合理，导向性是否明显，还可以在模拟的同时，评估路线坡度起伏程度是否适宜，道路弯曲形式是否合理，抵消游人路线疲劳程度，当然在道路材质铺贴图案布置上是否美观，舒适等；另一方面可以对园林景观内音场进行模拟分析并布置安放，音乐播放效果模拟，可控制音乐播放声音，达到适宜人群的舒适分贝。

在放置园区建筑小品过程中，可根据地形起伏情况，在设计放置地点进行阳光照射分析，根据当地地理环境因素，通过 BIM 软件设置太阳轨迹，综合分析并模拟阳光高度对房屋建筑的光能影响，设置合理的房屋朝向。结合园区道路设计方案，并模拟人口密集地带，公园小品放置数量可有效控制，从而避免浪费。

在对园区植物排布过程中，通过 BIM 软件模拟天气功能，综合分析太阳光照、阴影遮罩、雨水等，科学分析园区植被栽种种类与种植区域，还可根据植物胸径、蓬径进行局部性排

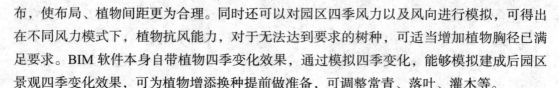

布，使布局、植物间距更为合理。同时还可以对园区四季风力以及风向进行模拟，可得出在不同风力模式下，植物抗风能力，对于无法达到要求的树种，可适当增加植物胸径已满足要求。BIM 软件本身自带植物四季变化效果，通过模拟四季变化，能够模拟建成后园区景观四季变化效果，可为植物增添换种提前做准备，可调整常青、落叶、灌木等。

在所有植物放置完成后，那么整个园区基本完成，可进行提交可视化交底文件模型，通过模拟漫游功能，对整个园区景观进行漫游，分析植物管径是否合理，在主要观景建筑内，更能对视域进行分析，对于较大遮挡物体，可及时更换，避免工程的返工，降低施工成本。

（三）BIM 技术在工程中的应用

一是在施工图图纸中的应用。在以往施工过程中，一直都是二维 CAD 图纸，避免不了会出现错误现象，二维图纸考验设计人员的三维想象能力，还有设计施工经验等，需要综合考虑地下管网、园区道路、园区建筑以及喷洒系统等，在引入 BIM 技术后，通过 BIM 技术 1：1 建模，在三维环境下进行整个项目的各个构件在指定位置安放，排除由于坐标不精确而造成的返工问题，同时还能够在设计建模过程中进行预先排布安放，从而解决由于只是概念设计，未考虑实际构件尺寸而无法顺利施工的问题，可大大降低图纸中出现的问题。

二是在人员之间沟通中的应用。首先是在设计方面人员沟通上，以往在园林景观项目上，一个人统筹管理多个人，由于项目繁杂所需人数较多，故管理起来不方便，引入 BIM 技术后，通过三维模型样例进行管理，极大地节省了沟通时间，提高工作效率；其次就是项目施工技术人员，以往的园林景观布置技术交底往往凭借手绘图纸进行讲解传递，通过引进 BIM 技术后，仅能够通过三维模型传递外，还能构建项目整体三维规划布局，使得技术人员无须多级传递，同样节省大量时间，并通过模型定位坐标，减低施工测量人员工作量，从而提高整体项目施工效率。

三是在园林工程项目初期场地设计方面的应用。在最初进场初期，对整个工程项目进行初测，等到高程信息，利用 BIM 技术，可以快速生成该地区原始地形，通过与设计地形的比对分析，能够迅速反映出填挖方量，并计算得出土方量，进而提高生产效率。

（四）虚拟现实（VR）技术的应用

虚拟现实（VR）技术以沉浸式体验为主，交互性能极强，对于园林景观工程这么注重绿化来说效果更为突出，BIM 技术结合 VR 技术，应用到园林景观设计规划中，在对所有模型拼装整理完成后，拍摄并录制可用于 VR 格式的视频，然后导入到 VR 设备中，通过观看视频过后，能够让设计人员对整个园区的效果进行深度理解，通过与业主方进行可视化交互后，能够对不满意的地方及时进行方案更换，这样可大大减低施工成本，提高生产效率。

（五）无人机技术的应用

无人机技术近年来火热，不仅因为其操作方便，更因为它能够通过简单的操作便能了解飞行区域的地理信息与工程量信息。无人机技术结合 BIM 技术，可对园林景观工程进行阶段性测评，使施工管理人员更为直接地了解现场施工情况，同时利用 BIM+ 无人机进行实景建模，不仅能记录每天场地施工进度，更能对现场土石方量进行监控，使管理更高效化。

　　BIM 技术作为辅助管理工具，能够为项目节省施工成本，提高施工效率，使项目管理更为轻松，同时能够为园林景观工程设计施工方案进行优化，更能提供多方案支持，在这个涉及多领域的庞大工程中，BIM 技术起着重要的作用，随着社会和时代的发展，相信 BIM 技术能造福更加广阔的领域。

第三章
园林景观设计概述

第一节　园林景观的设计要点及问题

本节通过分析目前我国园林景观设计存在问题，从设计风格，设计专业性以及设计生态性进行分析简述，并且提出了园林景观设计的特色，视觉以及规划要点。

一、目前园林景观设计存在问题

（一）园林景观设计盲目跟风

我国目前的园林景观设计已经有意识地在提升传统中国文化方面做努力，在园林景观设计方面的设计风格也明显提升，但是整体的园林景观设计仍然缺乏自身特色以及存在设计盲目跟风的现象。目前我国有大量的园林景观设计工作者出国进修，在国外学习先进的西方园林景观设计文化并且推动中国的园林景观设计发展，但由于受到国外的设计观念影响，将西方的哥特式以及欧式的园林景观设计引入到我国的园林景观中，导致我国的园林景观缺乏自身中国特色，而且在我国有着巨大的传统文化背景前提下，传统特色没有得到足够的开发以及应用，中国的传统文化很难融入实际的园林景观设计中，因此需要在发扬国内的传统文化的园林景观设计同时融合西方的先进园林景观设计技术，推动我国的园林景观设计行业的发展。

（二）园林景观设计专业性不强

我国的园林景观设计从业者除了少部分是园林景观设计师外，其余均为业余的园林工作者或者是植物养护员，因此他们对于园林景观设计了解不多，设计的植物景观专业性不强，甚至出现千篇一律的现象，缺乏设计亮点。同时由于专业知识的缺乏，园林景观设计往往很难适应新的环境，与实际的环境以及气候出现冲突，导致园林景观在设计后适应不了生存环境出现死亡的现象，浪费了园林景观的资源。在实际的园林景观设计中，考虑到园林景观设计的科学性以及专业性，设计者需要具备充足的园林景观设计专业知识，不仅要设计出具有自身特色的园林景观，而且还需要考虑园林景观植物的生存环境，适应气候等问题，多方面结合才能设计出适合的园林景观。

（三）园林景观设计生态环保不到位

园林景观的生态环保问题是园林景观设计者在设计时容易忽略的问题。目前我国部分的园林景观设计由于只考虑到实际的美观效果，忽略了生态性，导致在设计园林景观后，整个园林景观的生态系统发生改变，部分植物出现竞争，争夺阳光和空气，导致园林景观生态系统出现不稳定。在实际的园林景观设计需要考虑实际的生态效益，在保证园林景观设计外观美感的同时考虑到不同物种以及不同植物在时间以及空间上的合理结构。特别是在园林景观的后期维护中，园林景观设计的环保就更加重要，生态到位的园林景观不仅能够节约水资源以及空间资源，而且在后期的养护中节省人力和物力，比如在街道道路的园林景观需要采用旱类的植物，在湖景园林景观等采用水生植物为主。结合具体的生态环保进行实际的分析，保证园林景观设计的生态环保性。

二、园林景观设计的要点关键

（一）强化园林景观设计地域特色

随着我国城市化的发展，园林景观也出现多样化的特点，随着园林景观设计的发展，园林景观设计工作者需要考虑自身的城市特色，通过结合不同的城市特色设计出不同类型的园林景观。园林景观设计人员可以对自身城市的文化进行挖掘，将自身城市的文化特点引入到园林景观的设计中去，通过对地域文化的传承以及弘扬，将园林景观设计作为文化传播的关键口，强化园林景观设计的地域特色，打造出具有自身城市特色的园林景观设计。多方面的地域文化融入园林景观中不仅丰富了园林的整体美感，而且能够增加园林景观的文化层次，使得特色化的园林景观设计不仅有利于地域文化之间的交汇融合，而且能够推动我国园林景观设计的多样化发展，倡导园林景观的设计地域化，不断创新，将传统文化特色融入现代园林景观设计中，为园林景观的建设提供发展动力。

（二）园林景观设计中视觉效果设计

由于目前我国大部分的园林景观均处于城市之中，因此考虑园林景观的视觉效果十分有必要。在城市的园林景观中起作用的主要是美化城市环境以及给城市居民带来绿化的感受，同时园林景观设计也是环境设计的学科分支，一个完整的园林景观设计需要将土壤，岩石，植物等多个因素实现有机结合，体现出园林景观设计最好的视觉效果，通过这种视觉信息给人们带来不同的视觉感官效果。城市居民不仅能够感知园林景观的设计带来的视觉冲击，还能给人心理以美的感受，提升城市居民的生活品质，提升居住的幸福感。园林景观的视觉设计需要整体结合考虑，通过对园林景观植物的安排以及规划排布，对植物以及树木进行整体规划，合理的栽种排布能够保证园林景观的整体视觉效果，在城市中不仅能够起到为居民以绿化美化的效果，还能通过园林景观的设计带来绿色的视觉感官冲击，给人以视觉上的愉悦感受。

（三）科学规划排布园林景观设计

做到园林景观的科学规划排布十分重要。在园林景观设计之初就需要对园林进行科学的布局，首先需要选定合适的园林景观位置，在城市的哪一个区域分布等进行合理地分析，然后再决定园林景观的规模大小。在完成园林景观初步工作后再从设计风格进行分析，结

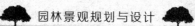

合城市的特色进行构思设计，既能凸显城市的地域风格，又能体现园林景观设计的文化特色，多方面合理协调统一，不能将园林景观设计从周围的城市规划孤立出来，而需要从规划一致的角度看待园林景观设计，结合城市基础强化政治文化功能，最后对园林景观进行人文开发设计，深度挖掘城市的文化底蕴以及历史沉淀，开发园林景观的人文设计。科学的规划排能够很好地保证整体的园林景观美感，通过园林景观作为当地城市的文化传播媒介，更好地展示城市的文化以及特色，实现园林景观的多功能开发设计。

总之，园林景观的设计需要园林景观工作者多方面、多角度进行分析考虑，在考虑园林景观的外观美感同时顾及不同的文化作用以及生态功能，打造出一个具有城市特色且生态功能齐全的园林景观。

第二节　城市园林景观设计的探索

随着科学技术的进步，在城市规划中，园林景观设计起到了很大的作用，城市经济建设的发展可以带动城市园林景观设计的发展。如何能使城市的生活环境变得更好，那就需要我们把城市规划中的园林景观设计放在第一位。在城市生态系统的构建中，设计园林景观设计可以提高城市民众的生活水平，这对于提高国民生活水平，改善生活环境有很重要的意义。我们用合理的方法，将二者相互结合，城市建设得就会更好。

由于我国科技的快速发展，城市也在不断进步，城市人口也与日俱增，城市的环境也逐渐变坏，在城市规划中，相关部门就对我们城市环境有了更高的要求，在其中将园林景观设计理念融入进去，在城市生态环境变好、发展城市特色、市民的生活质量提高方面，有不可缺少的意义。也就是说，我们在城市规划和园林景观设计的相关方面有一定的认识，将园林景观设计在城市规划的作用发挥好，就可以使城市实现更好的发展。

一、城市园林景观设计的作用

景观设计广义上可以囊括所有室外空间的设计，公园、庭院、建筑周边、道路、城市空间等都可以囊括在内。城市景观园林设计的目的就是能给大家营造一个和谐的气氛、使大家在茶余饭后有一个好的游玩休息的场所。

它有以下两个方面的作用：先从精神层次来说，社会意识的形态可以被城市景观园林设计很好地展现出来，它是艺术方式在空间上的一种表现形式，能让大家的生活更简约、生活好、心情好，带来更加丰富多彩的业余生活。人们置身在美景之中，工作和生活的效率都会提高，人们既能减轻工作、生活的压力，还能有很好的心情去迎接新的生活，在这基础上，一个城市的面貌也能靠城市的园林景观去体现。

在物质这个角度来说，社会环境的好与坏也可以从一个园林景观的表现中看出来，人们在茶余饭后要有一个能够休息的场所，比如说娱乐、游玩等，城市的环境也可以靠园林景观设计来改善，这些都是人们日益增长的生活水平所需要的，它也能造福我们的社会。

设计师们在进行城市景观园林设计时，一定要以大家的审美趋势为出发点，而且还要不断创新，设计出与众不同的、令人陶醉的景观园林，真正达到群众满意、为城市增光添彩的作用。在我国工业化进程快速发展的同时，也给我们的环境、生态系统带来了很大是损伤，环境污染的危害越来越多地被人们所注重，密切关注着如何拯救生态环境、降低污染、净化空气这些核心问题，所以，园林景观设计在各方面起到了很大的作用，在城市的空气质量方面可以有很大的改善，在城市的生态环境方面也能得到极大的改善，还可以在城市居民的健康幸福生活上得到很好的保障，所以城市景观园林设计师要怀揣着一颗美化环境、保护环境的心，将改革创新进行到底，让园林景观设计为我们的城市环境增光添彩。

二、园林景观设计在城市规划中的合理运用

（一）要将城市规划中的园林景观与经济建设相结合

　　在经济建设的条件下，需要满足人们物质生活的需要，所以园林景观就需要有一个很好的建设。为了方便人们日常休闲，所以现在越来越重视景观设计，政府也在财政上给予很大的支持，为了换回城市的蓝天，在大型道路旁都种植了很多树木，这样就使道路旁的尾气得到很好的净化，从而提高空气净化效率。还要在工厂附近的增到植物种植的比例，形成景观群，尤其在污染大的工厂附近，为了使生态环境得到稳定的保护，在人群多的住宅区域，景观设计应加大力度，保证居住在这些区域的人们可以感受到大自然清新。例如，江西东鄱阳湖国家湿地公园是集湖泊、河流、草洲、泥滩、岛屿、泛滥地、池塘等湿地为主体景观，湿地资源丰富、类型众多而极具代表性的纯自然生态的复合型湿地公园。

（二）文物保护区园林建设与文化景观的结合

　　文物保护区的园林设计与文化景观的结合，要抓住地域的历史文化特色，并且需要迎合时代脉搏，在历史文化公园的建设上进行规划。在人员集中的密度大的区域，加大城市园林植物种植的数量和质量，使人口密度大区域的人民的健康得到很好的保障，无论是在城市建设还是在园林景观设计、城市规划当中，设计师们都要为城市生活的居民着想，把城市居民对生活的需求摆在第一位置。无论是城市规划还是城市景观建设，首要目的都是为了提高人们的生活质量和大家对物质生活的生理、心理上的需要。

　　每一棵大树种植好了以后，我们还需要养护人员进行养护，这样才能达到城市景观设计中科学布局的目的。每一位施工人员都要以认真严谨的工作作风去对待这件事情。

　　当今在城市园林景观建设中，还运用了高质虚拟现实和互动性技术这样的手法，因为有了虚拟现实技术的应用，也就是运用运动过程当中的人眼成像规律。这样的技术可以使头部运动特征和人的视线高度等集合在景观环境当中，将他们具体、真实模拟出来，在广场、景观中的民众在园中边游玩边呼吸新鲜的空气，在这个过程中，既能让民众直观的体会模拟虚化园林景观设计的优点，又能身临其境去体验。虚拟现实技术在园林景观设计中进行应用以后，民众在进行观景的过程的同时又可以进行娱乐，实现一体化的休闲娱乐，整体氛围得到提升，市民的生活需要得到了大大的满足。

第三节 建筑设计与园林景观设计

建筑工程的发展越来越趋向智能化、环保化、节能化和生态化。将建筑设计工作与园林景观设计工作相结合能够大幅度提升居住小区的生活品质。我国的景观建筑的设计工作是园林设计工作中非常重要的一个内容，景观建筑设计的特殊性已经成为园林景观设计中的亮点，同时也成为整个园林景观中独特的标志，因此，将具有艺术性的人文建筑景观设计成果放置与园林景观设计规划之中可以有效地促进景观与建筑之间的融合，进而实现园林景观设计整体的完整性。本节将全面分析建筑设计与园林景观设计之间的关系，然后探讨两者之间融合的要点。

为了满足人民群众对周边生活环境质量的要求，为了在进行建筑设计的过程中保持整个方案的舒适性、环保性，需要将建筑设计与园林景观设计两者进行有机的融合。建筑设计是园林景观设计中不可或缺的一个环节，园林景观设计是为装饰建筑而存在的。在进行建筑设计的过程中需要综合考虑各种因素以提升空间利用率。对建筑周边环境的空间进行充分的利用不但可以显著提升生活舒适性，还可以对周边的环境设计工作提供优化方案。园林景观与建筑两者都是环境的一部分，应该相互和谐、融合发展。

一、建筑设计与园林景观设计两者之间的关系分析

（一）园林景观设计成果是建筑设计工作重要的体现

建筑设计工作质量能够直接影响环境整体设计质量。为了提升建筑周边环境设计的质量，需要建筑设计人员给予设计工作足够的重视，需要在设计的工程中综合各种影响因素并综合考虑建筑环境空间的利用方式及利用效果，以实现协调建筑物与周边环境之间良好的关系。众所周知，建筑设计工作的主要目的就是通过设计手段实现环境与设计之间良好的统一，并且将人类社会活动产生的科学技术与设计思维合理的应用于设计之中，促使建筑设计工作成科学与技术相互结合的产物。在建筑设计过程中进行园林景观设计不仅可以促使建筑周边环境体现出浓郁的人文风情与地域文化，还可以促使建筑与环境相结合的构造美成为一道美丽的风景线。

（二）建筑设计工作是园林景观设计工作的重要组成部分

园林景观设计工作的主要任务就是对周边景观进行重新的设计与改造。借助于绿色景观树木、花草及风景小品的布置来实现园林艺术设计的效果和减少城市规划建设活动对周边环境的影响。园林景观设计人员在进行园林规划设计方案制定的过程中应明确建筑设计工作在景观设计中的重要性，然后积极探索新的设计方式、结合新的设计思路充分地发挥出建筑设计工作在园林景观设计中的作用。设计工作的关键是将建筑设计与园林景观设计相结合，这也是提升建筑周边环境舒适性的重要方式，同时也是提升环境设计艺术性与使

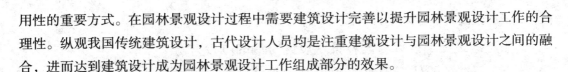

用性的重要方式。在园林景观设计过程中需要建筑设计完善以提升园林景观设计工作的合理性。纵观我国传统建筑设计，古代设计人员均是注重建筑设计与园林景观设计之间的融合，进而达到建筑设计成为园林景观设计工作组成部分的效果。

（三）建筑设计与园林景观设计两者之间存在一致性

建筑设计工作与园林景观设计工作之间存在着一致性，设计人员应在设计的过程中时刻保持两者之间的关系，不得破坏两者之间的平衡与和谐。在我国建筑工程发展历程中所坚持的设计理念均是"以人为本"，通过艺术性的设计方式努力创造舒适的、和谐的环境设计效果。为了达到这一目的就需要在整体设计方案的约束下开展建筑设计与园林景观设计工作。

三、建筑设计与园林景观设计之间的融合要点分析

（一）坚持整体设计的思想

将城市整体规划设计工作视为一个整体，然后在整体规划方案的约束下开展建筑与园林景观设计工作可以提升两者融合设计的效果。设计人员应提前对设计环境进行走访调查，充分地了解设计环境的实际情况，然后基于整体设计思想对设计工作进行重新认识，由此避免在设计过程中各类情况的发生。

（二）不断深化景观设计方案

在园林景观设计方案制定的过程中需要对该方案进行不断地优化与更新。在我国大多数城市的城市景观设计过程中建筑设计与园林景观设计之间的和谐性不足，园林景观设计没有满足建设设计对周边环境的要求，建筑设计没有考虑到建筑与园林景观之间的和谐性，因此首先要做的就是对建筑周边园林景观设计方案进行科学的论证，对园林景观的功能性、建设经济性、环境生态性、施工技术性等多方面因素进行综合分析，然后深入地结合施工区域周边环境的水文地质条件、人文环境等进行综合设计，不断优化与改进设计方案，以实现园林景观设计与建筑设计之间的和谐性，促使园林景观设计效果满足城市整体规划布局的要求。

（三）通过合理运用建筑设计理念提升园林景观设计的深度

由于我国园林景观设计工作发展时间较短，相较于西方发达国家我国的园林景观设计工作尚处于初级阶段，与园林景观设计相关的学科系统建设并不完善，设计人员对园林景观设计工作的理解尚处于表层美化阶段。同时，园林景观设计工作存在严重的抄袭现象，景观设计方案的原创度不够。在园林景观设计的过程中通过合理运用建筑设计理念来提升园林设计的深度是非常必要的，这也是建筑设计与园林景观设计之间的融合。通过使用建筑设计分析、方案决策以及设计的方法来改变园林景观设计平面化的硬性延伸现状，提升园林景观设计的层次感与整体感，促使园林景观与周边建筑及公共设施进行融合，并且将建筑设计理念用于园林景观空间设计之中可以提升园林景观的可动性。例如建筑是固定的，而景观园林中的水是可动的。园林中的水对建筑进行折射可以拓展人们在景观中的想象空

间，进而感受到园林景观设计独特的创意，从而收获不一样的视觉感受。

（四）建筑细部设计与园林景观设计协调的融合方法

建筑工程细部设计需要从整体出发，对细部进行精细化的设计可以提升建筑整体设计效果。建筑细部设计应体现出建筑物整体的设计风格，应与园林景观设计进行协调融合。通过对国内外优秀的建筑设计方案进行分析可知，优秀的建筑设计方案的细部设计均与景观设计进行了融合，建筑细部构造与景观始终处于一个相对稳定的系统之中。多个细部设计融合成建筑整体，如果每一个细部设计都与园林景观设计进行了融合，那么建筑物整体与周边的景观就会变得更加协调统一。

（五）利用建筑设计的思维解决园林景观受限制的问题

在城市生活圈中，建筑与景观的设计工作都会受到限制，例如建设场地的限制、工程成本的限制等。利用建筑设计思维解决园林景观受限制的问题是一个很好的解决办法，例如在某些城市夹缝地带园林设计人员无法进行模块化的造景设计。借用建筑设计思维，可以使用彩色喷涂地面的方式对城市建筑高密度夹缝地带的道路进行划分，这样不仅可以消除接缝地带视觉单调的情况，还可以为拓宽城市交通道路、减少绿化工作对道路资源的侵占做出贡献。

建筑设计与园林景观设计之间存在着强烈的关联性。在环境设计阶段设计人员应提前做好设计规划，然后对设计环境周边的实际情况进行调查和分析，明确该区域园林景观设计工作与建筑设计工作之间的关系，促使建筑设计与园林景观设计之间达成一致。此外，还要注重分析建筑设计与园林景观设计的融合技巧，充分挖掘融合措施。

第四节　园林景观设计中的花境设计

花镜是人们依据自然风景中的野生花卉，在林缘地带的自然生长情况，通过艺术手段设计出的自然式画袋，其形象丰满、颜色鲜艳，会给人们留下深刻的印象。在园林景观设计中，花镜是重要的表现方法，注重"虽由人作，宛自天开"的境界。

一、园林景观设计中花镜的设计形式

路缘花境：对于路缘花境需要设置在道路两侧，并选择建筑物、树丛、矮墙、绿篱等作为背景，并且做到前低后高，单面进行观赏，吸引游客的视线。路缘花镜主要选择宿根花卉，搭配一、二年生长花，进而提高观赏效果。

林缘花境：一般常出现在树林的边缘，将草坪作为前景，然后将灌木、乔木等作为背景。林缘花镜能够使植物配置在竖向上很好地过渡，可以丰富空间的使用情况，也使植物的配置更加有层次性，将自然美展示出来，使花镜设计的生态价值等得到凸显。

隔离带花境：隔离带花镜主要为了起到隔离的效果，并且同时还具有一定的景观效果，通常在道路附近布置，花镜组团的尺度要比其他形式的花镜大，从而使其满足行人、车辆的观赏需要。隔离带花镜的位置具有一定的特殊性，在后期常使用粗放式的管理方法，在选择植物时也可使用观赏期长、抗逆性强的花卉，从而使花镜的颜色更加明亮、丰富。

岩石花境：人们对高山、岩生植物的生长环境进行模拟，进而设计出的一种形式。岩石花镜常出现在山坡上，从而保证获得充足的光照。利用高度带来的重力效果，保证植物的姿态能够更加生动、丰富，可以自然下垂、可以随风摆动。植物在坚硬的岩石上生长能够使游客感受到对比的美。

台式花境：对于台式花镜而言，由于场地的限制，因此可以选择的植物并不多，要将植物种植在木材、石头构成的种植槽中，并结合土壤、温度以及降雨量等使花镜形式得到优化，提高花镜设计的效果。台式花镜规模不大，并且有着独特的风格。

二、园林景观设计中的花境设计

确定平面，完整构图。在花镜设计过程中，需要先确定平面，并保证构图是完整的，需要将植物个体的生物学特点、植物个体与群体间相互作用的生物规律作为基础，从长轴方向形成连续的综合性景观序列。花期不能是同时的，保证游客从春到秋都能够有花观赏，相同季节中要结合植株的颜色、高度、数量以及形态等均匀的布置。相邻花卉之间，其生长的强弱、繁衍的速度等也需要不同，植株要能够共生，保证花镜更加丰盈典雅。植株需要高低错落，开花时不能相互遮挡，保证四季季相变化丰富。花镜中的花卉需要是多年生的宿根、球根，保证花卉能够多年生长，不需要经常更换，也使养护更加便利，将花卉的特点展现出来。花镜设计者需要对不同花卉的生长习性进行了解，搭配不同种类的花卉，保证花镜的观赏效果更佳。对于单面观赏的花镜，其配置植物要从低到高，形成斜面；对于双面观赏的花镜，需要中间植物高、两边低，形成高低起伏的轮廓，平面轮廓与带状花坛是相似的，植床两侧是平行的直线或曲线，并且要利用矮生植物、常绿木本等进行镶边。花镜植床需要比地面高，主要种植多年生的开花灌木或者生宿根花卉，同时做好排水工作。

植物、色彩的选择与搭配。花镜设计时需要优化植物材料的选择，明确不同植物的生长、抗寒性等，要选择能够在当地露地越冬的多年生花卉，植物要有很强的抗逆性，使用粗放式的管理方法，花期需要长，并且选择的植物要容易成活，有很高的观赏性。植物的搭配上也需要突出空间和立体感，做到层次分明、高低错落、疏密有致，使植物配置更加自然，不能遮挡住人的视线。质地对比要适当地过渡，不需要有太大的对比，将植物的特性差异展现出来，注重植物的观赏性以及生态性。此外还需要科学地进行色彩的搭配，结合地理位置、环境以及文化特点等明确主色调，然后再进行其他颜色的搭配。对于颜色问题，可以通过植物的花、叶、果实颜色进行表现，植物的颜色需要与周边环境相适应，不能盲目注重植物种类的多样化，导致色彩混乱，影响观赏的整体效果。

科学进行竖向、平面设计。对于自然式斑块混植的花丛，每组中需要种植 5 到 10 种左右的花卉，并且要对每种花卉集中栽植，每个斑块都是一丛花，斑块可以是大的，也可以是小的，同时结合花色的冷暖等明确斑块的大小。植物的生长情况也是极为重要的，相邻花卉的生长强弱、繁衍速度等需要是相似的，避免设计效果受到影响。花镜的外围要有轮廓，并利用矮栏杆、草坪等对边缘进行点缀。同时在设计过程中，花镜内的花卉颜色需要与环境相适应，总之颜色的选择需要有一定的反差，从而使对比更加鲜明。花镜不能太宽，要做到因地制宜，与背景、道路等形成一定的比例，如果道路比较宽、墙垣比较大，就需要使设计的花镜宽度大一些，注意植株的高度不能超过背景。此外为保证管理、观赏的便利，还需要结合实际情况确定花镜的长度，如果太长需要分段进行栽植。

注重生长季节变化。园林景观花镜设计中，还需要对不同生长季节的变化、深根与浅根系的搭配提高重视程度。比如牡丹、耧斗菜类都是上半年生长的，到了炎热的夏季其茎叶就会枯萎开始休眠，所以在此过程中需要搭配一些夏秋季节生长茂盛，并且春夏季节又不会对其生长、观赏等产生影响的花卉，比如金光菊等。对于深根系的植物，如石蒜类花卉，其开花时是没有叶子的，但是配合浅根系的茎叶葱、爬景天等就能够获得好的观赏和种植效果。

第五节　园林景观设计的传承与创新

园林景观艺术创造了居住环境中的各种优美风景景观，我国当前的园林设计发展，除了传承古典园林的设计风格之外，更应该不断创新。本节将针对现代中国园林景观艺术的传承和创新进行分析探讨，有着非常重要的现实意义和潜在价值。

中国古典园林艺术作为世界文化史上的重要遗产和宝藏，同时也是世界历史上伟大的奇迹和瑰宝，被公认为世界各类园林建设中的佼佼者，其地位和重要性不言而喻。园林在设计之初需要考虑很多问题，包括园林设计的意义和与周边自然环境的相互协调呼应，还要更加细致地考虑到园林内部的绿植以及所种植的树种等。园林景观设计的初衷是带给人们置身大自然之感，需要在不断发挥其各种社会以及经济效益的过程中，促进和推动人类与自然环境的和谐相处以及健康可持续的发展。

我国人民的思想境界伴随着国家经济和文化的快速发展不断提升，现代景观设计师将古典景观设计的许多方面作为学习和借鉴的地方。经过调查研究目前中国景观设计的现状发现，要想更好地发展和传承景观设计艺术，除了不断借鉴和传承古典园林景观的各种优点之外，不断地创新发展是根本的动力。古典美融入现代的生活环境之中产生奇妙的化学反应，让人耳目一新，产生具有创新性的景观设计艺术形式，是景观设计发展的大势所趋，也会带给人们更好的生活体验，满足更多的环境需求。

一、园林景观设计的传承

（一）天人合一的思想

景观设计更多地强调自然天成，不提倡过于繁杂的人工雕琢和堆砌痕迹。中国古典园林中天人合一思想地渗透和运用造就了园林史的辉煌与璀璨，这种古典艺术被外国学者认为是将空间和时间的选择做到极致，从而使得经济和社会效益的最大化。这也能够让人类在不过多地破坏自然环境的条件下，做到和自然和谐共处，从而获得安宁和祥和的艺术形式。中国古代天人合一的思想，一方面是中国历史几千年的历程中沉淀出来的智慧和精髓，指导和影响了园林设计的发展；另一方面中国现代的园林设计师们不断地传承和发扬这种思想并将其发扬和完善，将自然界天然存在的各种元素体现在园林景观之中，给人们的精神家园提供了可以休息和缓解的空间，让人们在其中不断地提高自身的精神境界和文化修养。

（二）古典园林的季相之美

一年四季的交替让人们看到山水花鸟各种景物的更替变化，这种美就是季相之美。中国古典的园林景观设计就是将这种美运用到极致的一种表现，通过一年四季变化的过程中，景物的外在变化来表现和衬托变幻莫测的空间意境，景物的变化穿插和点缀在整个岁月的流逝中，进而这种千姿百态丰富多彩的季相之美便被完美地呈现在园林景观的设计和表现之中。

二、园林景观设计的创新

（一）广泛吸收现代艺术思潮，努力开拓园林设计思路

人类发展几千年的历史进程中留下的文明瑰宝是民族的重要宝藏，然而随着现代艺术思潮的涌现以及科技日新月异的发展，人们早已不局限于物质享受，思想境界和审美水平都有了全方位的提高和变化。现如今应考虑的是怎样将现代的各种文化艺术广泛应用到景观设计之中，这不但要满足人们正常的审美，还要有很好的时代意义。现代园林景观设计如果做不到对古典艺术的传承和发扬，会造成园林艺术的脱节和欠缺。

（二）重视现代技术在园林景观设计中的应用

现代科学的发展日新月异，新型技术的出现速度更是让人目不暇接，不断地将其应用到风景园林的设计之中，将会提供很多的素材和思路，造就不同的风格和特点。新兴技术的发展和应用为园林的设计提供了生命力和灵感，也更新了传统观念，让人们对景观设计有了新的认识和期待。

（三）生态景观理念在园林景观设计中的应用

生态景观设计是对土地以及各种户外空间的不断利用，对整个生态系统的设计和改造，表现出尊重自然、敬畏自然的重要意义。人们不能毫无章法地改造和利用自然，要做到与自然环境和谐共处，合理保护和节约自然资源，进一步改善人类与自然的关系，从而维护生态系统的健康与稳定。

随着我国经济发展的增速以及人们生活水平的不断提高，园林设计师们在进行园林景观设计时，更多的要考量其中所包含的文化内涵，笔者根据对中国当下园林景观艺术的调查研究发现，景观设计的发展中，继承和创新是不能被忽略，这是园林艺术赖以发展的持

久生命力以及重要的组成部分。中国园林景观设计在继承古典园林的各种优点和精华的同时，要不断挖掘和寻找属于自己的独特方面，并进行创新研究才能走得更远、更好。同时需要注意的是，在创新的过程中，应借鉴其他优秀的灵感和创意，摒弃不好的方面，使得园林景观的道路走得更加稳健和顺利。

第六节　园林景观设计中的地域文化

园林景观设计是我国城市建设的重要组成部分之一，为了保障这一设计工作的开展成效可以达到预期，研究了园林景观设计与地域文化的关系，进而在此基础之上分析实际设计过程中，灵活应用地域文化的方法，以期能为相关设计人员提供理论上的参考。

随着我国社会的不断发展，人们对居住质量也提出了更高的要求，而对于本节所讨论的问题来说，园林景观的设计和建设则是提升居住环境舒适度、传递当地文化价值的主要途径之一。在这样的背景下，相关单位必须能将园林景观设计工作重视起来，但结合现状来看，为了在规范性和统一性上达到要求，园林景观设计中也存在大量趋同问题，不能充分体现出地域文化特点，如果不能针对这样的状况做出改进，那么园林景观将会失去其自身特点，观赏性大大降低，自然也难以在城市化进程中发挥出预期作用。另一方面，地域文化在园林景观设计中的应用，是保障当地地域文化能得到有效传承并持续发展的关键，若设计人员不能将这两者充分的结合起来，那么园林景观就很有可能在功能性上不能达到预期效果。为了避免此类状况出现，研究城市园林景观设计中地域文化的应用方法非常有必要。

一、园林景观设计与地域文化之间的关系

（一）地域文化是园林景观设计的基础

根据气候、地质、地貌等的不同，各地域在自然特征和人文特征上所表现出的特点也会出现一定差异，对于前者来说，自然特征上的不同会导致人文特征上的差异，例如，盆地地区与平原地区人民在日常生活方式、饮食习惯等方面就存在明显的区别，当这些差异进一步发展，就形成了不同的宗教文化、风土人情。园林景观设计是建立在地域文化的基础之上，不但植物的选取受当地自然特征限制，园林内建筑的设计也应结合当地人文特征。

（二）园林景观设计是地域文化的延伸

随着经济和社会的不断变革，地域间的差异将被不断缩小，而为了更好地凸显特色，园林景观设计过程中，必须能有效体现出当地地域文化特点。以苏州园林、皇家园林等为例，这些园林景观内都包含了大量的假山、水池以及植被等，很好地体现出了我国古代所追求的"天人合一"的思想，但对于现代城市的发展来说，这一类园林的建设需要耗费大量人力和物力，占地面积相对较大，与我国现阶段的居住需求不符，而如何结合地域文化

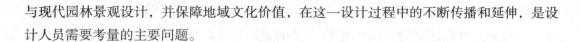

与现代园林景观设计，并保障地域文化价值，在这一设计过程中的不断传播和延伸，是设计人员需要考量的主要问题。

二、在园林景观中凸显地域文化特色的方法

（一）充分考量当地传统文化

为了保障当地特有的历史人文价值等能，设计人员在设计前必须充分考量当地传统文化，但同时，为了保障这些内容能在园林景观设计中发挥出自身价值，设计人员应分析如何利用当地历史文化特色构建现代化园林景观。为了达到这样的要求，设计方可以参考以下两点内容：

将文化典故场景化。我国具备非常悠久的发展历史，而对于园林景观设计工作的展开来说，设计人员可以结合当地著名的历史事迹或历史人物完成景观设计，并以场景化的形式展现这些内容。在这样的设计模式下，此类历史事件或人物自然就能通过园林景观得到很好的传播。在实际设计过程中，摆设历史人物雕塑、文化墙等都能达到这样的效果。

灵活利用各类设计图案。图案是传递文化最为直观的符号之一，因此，在园林景观设计过程中，设计人员可以结合当地特有的文化符号、图案等与园林景观，并在此基础上完成设计。以太极八卦图的铺设为例，通过在窗户上、围栏上等位置以镂空的形式展示太极八卦图，人们在观看过程中，自然能更好地感受到此类图案中所体现出的历史底蕴。

（二）结合地域文化特点完成园林绿化设计

绿化是园林景观的重要组成部分，而为了保障园林绿化设计在改善周边生态环境，同时能达到凸显当地地域文化的目的，设计人员可以参考以下两点内容来保障绿化设计与地域文化之间的充分融合：

突出园林设计的地域特色和季节特色。保障园林四季都有不同的可观赏风景是园林绿化设计的目标之一，可以按照地域特色区分不同植物，并按照不同的地域特色分区种植。在这样的设计模式下，不但园林内可以达到四季可观，通过不同特点植物的利用，更好地体现当地地域文化中的自然特色。这一设计方法经常被应用于四合院景观的设置中。

在文化景观中设置各类便民设施。这一点主要是为了保障地域文化园林景观建设自身的可持续性，而为了达到这一目标，设计人员可以利用各类便民设施，如小型广场、幼儿娱乐区、健身场地等划分不同的植被区域，进而在满足周边居民休闲娱乐需求的基础上，达到凸显当地地域文化的目的。

（三）将地域文化融合到现代园林景观设计之中

这一点主要是针对原有园林景观的改造而言。结合上文中的内容，现代园林景观设计，应在延续地域文化的基础上进行创新，以此来确保园林景观设计既能满足周边居民的休闲娱乐需求，又能充分体现出当地地域文化特点。结合这样的要求来说，设计人员可以在实际工作展开过程中，结合以下几点内容实现地域文化与现代园林景观设计之间的充分融合：

在原有建筑的基础上进行改造。各类建筑是园林景观中的重要组成部分，而在对原有

景观进行改造的过程中，设计人员可以充分考量园区内现有建筑，尽量保留具备一定地域文化特色建筑。例如，在改造园林景观中的门楼时，设计人员可以在保留原有门楼结构的基础上，利用青砖贴面的形式来进行翻新，并通过匾额、高门槛等的设置，进一步增加门楼的地域文化特点，最终通过翻新和改造达到原有门楼与园林景观设计之间的融合。

结合当地地域文化特点完成细节设计工作。为了保障园林景观在风格上的统一性，设计人员必须保障园林内的细节都具备一定的地域文化特点。在这样的背景下，设计人员则可以参考当地文化特点等管理植物形象，并在此基础上完成绿化带、水井等的设计，综合利用这些内容为周边居民创造一个完整的园林景观，并通过园林景观传递地域文化。

综上所述，在分析地域文化与园林景观设计之间的关系的基础上，主要通过在设计过程中，充分考量当地传统文化、结合地域文化特点完成园林绿化设计、将地域文化融合到现代园林景观设计中三点内容，深入探讨了在园林景观设计中，充分凸显地域文化的途径。在后续发展过程中，相关设计人员及管理单位，必须进一步重视地域文化在园林景观设计中的应用，以此来凸显当地在人文、自然等方面的特点，并通过现代园林景观设计与地域文化之间的融合实现这些文化的不断发展和传承，避免园林景观设计上的同质化，最终达到推动我国城市化进程的目的。

第七节 园艺技术与园林景观设计

园林景观所涉及的范围广泛，并备受人们的关注。在设计阶段，还应随着时代的变化而呈现出不同的发展形势，因此也要求将园艺技术融入园林景观的设计过程之中，与现代社会发展相符合，以达到最佳的效果。

随着我国城镇化和五位一体战略思想理念的深入，人们逐渐开始关注自身的精神文明建设情况，对于生活的具体环境和实际的居住条件也提出了更高的要求。传统的园林景观设计很难满足人们的要求，所以还需要把现代的园艺技术和景观的设计相互结合，才能够更好地推进城市化发展。

一、园艺工艺以及园林景观设计方面的特点

园艺工艺的主要内容和特点如下：主要包含植物栽植的园艺技术和具有观赏性的园艺技术两种类型。具有观赏类特点的园艺技术主要指的是植物的栽培、养护。在这个行业不断发展的过程中，园艺的具体工艺内容也融入了大众需求这一方面。

园林景观的设计主要内容和特点：这种设计工作就是凭借着自身所具有的地理位置和环境，作为工作开展的基础保障应用其中，所包含的设计工作具体方法，还有相应涉及的技术内容，进行实际工作的开展，这一点与当地的具体环境和地理位置优势，再加上植物的特点都有着直接性的关系，需要把这些内容相互结合，才能够为园林的具体景观创造，带来全新的环境和场地。

二、现代园艺技术与园林景观结合的具体策略

（一）园林景观设计的山水元素

在实际的园林景观设计工作开展过程中，包含山与水元素，是整体设计工作中最为基础性的内容，其在现代园艺技术中的应用，需要保证其景观的设计能够符合园林中山水元素所具有的自然性特点，这也是这一设计工作中的首要法则。一般情况下，在园林景观实际设计工作开展的前期，还要求相关工作人员能够明确景观定位，如餐馆类型的、公园类型的或是商务旅行和社区类型的景观，这种定位对于后期的园艺技术施工工作开展有着非常重要的影响。

不同的类型在设计过程中所需要的技术也是不一样的，在园林的具体景观设计工作中，为了能够有效满足其所应用的目标群体，还需在具体的施工阶段通过现代化园艺工作所具有的技术，充分地展现山和水自身所具有的自然元素特点，这样才能够保证园林景观与自然环境高度一致，也能够为游客呈现出返璞归真、融入大自然的心理特点和感受。

在园林设计过程中，其景观需要遵守的原则就是以人为本，例如：在进行商务类型的园林设计过程中，整体的景观需要密切地关注商务的具体布置情况，以及整个布置是否与自然的环境呈现出协调一致的特点，相关的人员应针对内部的具体情况进行分析，找到合理有效的布景和设置方法，更好地满足商务人员在进行活动过程中所提出的园林需求。同时在园林景观设计中，相应的部位可以进行假山的排列，在假山的顶部融入流水孔，这样才能够有高山流水的感觉，同时也符合商务氛围的营造。

（二）园林景观设计的人文元素

在园林景观设计过程中，人文元素是非常重要的、具有辅助性特点的一项内容，人文元素所包含的不仅仅是建筑空间，也有道路、游客可以休息的板凳，甚至垃圾筒。所以针对目前现代社会中所提出的园艺技术内容，在园林景观设计的具体应用中，还需要重点关注园林景观具体空间区域的利用情况，提高有效利用率，进而创建出最新形态的设计方法和思想理念，再运用到道路、板凳以及垃圾筒等设施上，凸显出其自身所具有的实用性和美观性特点，这样才能够符合现代社会发展的需求，也能够让游客在观赏过程中感受到这些设备的实用性和设计人员的用心之处。

在空间的具体设计工作中，也需要有针对性地进行考量，了解现代园艺技术具体落实工作的实际效果，按照相应的条件，合理地进行检查和划分，充分考虑阳光对整个园林景观的照射情况，以及树木和植被对自然条件生长需求的同时，设计出凉亭、走廊、楼阁等供人休息的区域，以体现以人为本的设计理念。

（三）建筑造型的设计

建筑在园林景观中也有着不可忽视的作用，其整体的造型设计也是园艺设计工作过程中所包含的优美景致的关键环节，最终设计的结果好坏，直接对整个园林设计的整体效果产生影响。目前，徽派的建筑风格有着较高的应用频率，明清的建筑风格也能够结合古今

的特点，所以也倍受建筑师和游客喜欢。这两种建筑风格在其具体的设计方面，有针对性地运用了园艺景致的特点，在设计工作过程中，有效地展现出锦上添花的效果。

建筑物造型设计工作的开展，需重点结合园艺景致的特点，进行建筑物的造型，保证其园艺景观能够起到提高美感的作用。随着国内市场竞争压力的不断增加，很多企业都开始关注园林工程的具体开展，在商务建筑景观中合理有效地运用商务景观的设计，才能够真正地体现出其所具有的价值和实际应用效果。工作侧重点就在于室内的景观，还有硬性的景观内容，其强调的就是在设计过程中所包含的空间性和立体化的效果，目的也是为了有效地排解游客在工作过程中所具有的压力和紧张感，避免出现焦躁的情绪，利用优美的景观和绿色的视觉感官，平复游客的心情。

随着我国现代化建设脚步的不断加快，我国的整体国力得到提升。国家对于现代的园林技术有着更加深入地研究，并且逐渐增加了资金投入，随着高科技发展不断成熟，园林景观的设计工作逐渐开始注入新鲜的血液，所以，现代的园艺技术和园林景观之间的结合，也需要专业人员给予大力支持，以促进可持续发展。

第八节　园林景观设计与视觉元素

随着社会经济的快速发展，园林景观建设项目愈发增多，景观设计得到了高度重视，实践证明，通过在园林景观设计中加入视觉元素的应用，可以在很大程度上提高其设计效果以及建设水平，使得园林景观建设具备较强的艺术性、技术性。基于此，本节针对园林景观设计中视觉元素的应用进行深入分析，提出一些看法和建议，希望可以给有需人士提供参考。

通过研究园林景观的设计，可以分析出该城市的发展情况，其对于美化城市环境，改善生态环境有着重要的作用。近年来我国城市环境不断发生变化，人民对于生活环境的要求越发提高，因此在打造生态型园林景观设计的同时，还要充分重视其观赏性，通过对环境的美化，给人们提供良好的休闲娱乐场所。

一、园林景观设计中视觉元素的应用意义

就人体感官而言，视觉感官最为直接、突出，同时也是我们获取信息的主要途径，在视觉作用下和外界接触收集信息，然后指导行为活动的实施，并引起情绪的变化。眼睛是用来接收外界事物的"窗口"，通过视觉、触觉，以及知觉形成了对事物的感觉，这也是从感性认知到理性认知的过渡。外界的色彩、光明等透过视网膜刺激人体的感受，然后通过外观映射到大脑，可以说视觉的作用就是把人体对外界事物产生的第一印象保留下来。由此可见，在设计园林景观的过程中，要重视凸显出环境艺术，通过应用湖泊、植被等视觉符号，给观赏者传递各种信息。

二、园林景观设计存在的问题

目前有些设计师在开展设计工作时，存在刻意模仿的问题，简单说就是把那些成功的案例照搬过来，设计出来的方案只有风格不同，剩下连植被种类的选取都是一样的，根本没有考虑到当地气候、土壤的特性，致使不断降低植物的成活率，加大成本费用的投入，建设效果并不理想。首先，在彰显地方特色方面，在一些南方内陆城市内照搬江浙小桥流水的园林景观设计方案，致使这些园林都是一个样子，缺少新意、引起观赏者的视觉疲劳；其次，出于招揽更多客流量的目的，有些设计方案中提出了大量引进发达国家珍贵稀有的植被品种，斥巨资的同时殊不知外来物种已经严重威胁到本土物种的生存发展，对生态环境造成破坏；最后，就是植物种类单一，并没有展现出生物的多样性特点，也没有对景点内同物种的数量进行管控，导致过多的数量引起审美疲劳。以丹北镇新桥上游路道路景观提升工程为例，其存在的方案设计问题就在于植被稀少缺乏层次性，并不能凸显出本地产业文化氛围。后有关设计人员提出了改进措施：应用乡土树种，科学、合理配置道路绿化，并在其节点处增设文化 LOGO 小品，大幅度改善了建设效果。

三、园林景观设计中视觉元素的应用策略

（一）园林景观设计中点的运用

在自然世界中核心的视觉元素就是"点"，其虽然是物体中的最小单位，可以经过不断的转换就可以变成线、面。在开展设计工作时，设计人员要对视觉元素充分利用，不断丰富园林景观设计内容。通过把"点"放到特定位置，更加容易吸引人们的目光，达成理想设计效果。以神德寺遗址公园景观设计为例，项目位于铜川市耀州区，规划占地面积将近 20hm²。在进行设计规划时把神德寺塔作为主要点，依托于历史文脉基础，重点突出塔的重要性，神德寺塔也叫宋塔，坐落于耀州城北步寿塬下，作为城内北侧制高点，同时还是耀州古城和新城的关联点，因此在公园景观设计中，结合其周边自然资源，遵守生态先行的原则，重点凸显出自然山水风光，通过应用南北高差造成的视觉变化，建设出一条景观主轴线，阶梯式呈现出建筑景观，使其景观空间丰富多样。

（二）园林景观设计中线的运用

在进行设计规划时，通过点的规律连接形成了"线"，线也可以给人带来不一样的视觉效果，通过科学合理的应用线的特点，有利于增强景观建设的美观性。因为有着不同的运用情景，所以必然会产生不同的应用效果，在设计园林景观时，包含了长桥、长廊、围栏等线元素，因为其具备"直"的特点，所以会给人造成坚毅的视觉感受，凸显严肃性。在设计过程中，通过线的应用，彰显其主体性，同时，还具备多元化特点，搭配方式不同带来的视觉效果也是不一样的。

（三）园林景观设计中面的运用

点线结合就形成了"面"，在园林景观设计中，"面"的应用通常体现在两个方面，

即实面和虚面。一般情况下，在建设景观内部的草坪、广场时，应用的是实面；在建设景观内部的湖面、水池时，应用的是虚面。把点、线、面三者放到一起进行比较，带来视觉冲击最强的无疑是面，通过对"面"进行科学合理地使用，可以让园林景观的轮廓凸显更加清晰、丰满，创建出良好的格局；其中，效果较为显著的就是在三维空间中的应用，通过组建不同形状、颜色的面，取得更加理想的视觉效果。

（四）园林景观设计中空间价值的运用

在设计园林景观时，还有一项非常重要的元素，就是空间价值的应用，空间设计凌驾于其他视觉元素的基础上，通过进行科学、合理的搭配，取得不同的空间设计效果。一般情况下，空间设计包括二维空间、三维空间、矛盾空间以及图式空间等等，通过把空间元素进行科学转换、组合、排序，可以大幅度增强其视觉冲击。基于此，设计人员在开展实践工作时，就需要合理掌握空间的变化，充分了解人们对于视觉以及心理冲击方面的感受，致使设计效果具备虚实相生、高低错落的特点。依然以神德寺遗址公园景观设计为例，首先，耀州城四面环山，环抱漆、沮两河，从远处看呈现出舟形，而位于城区北端的神德寺塔就好像是船的桅杆，同时见证了这座城市的不断发展变化；其次，神德寺公园是城市中的制高点，其不单单是彰显城市天际线的核心节点，更是管控城市整体建筑高度、体量的基础依据。

（五）园林景观设计中历史环境、遗迹的应用

在进行园林景观规划时，还应重视科学、合理地使用历史环境以及遗迹，并且保证不会肆意篡改。以杭州西湖西进景区的规划设计为例，其通过自然的景观建设营造出独特的美景，并且还重现出历史环境中的古上香水道、杨公堤等等，给景观园林建设锦上添花。再例如西湖的西泠印社，其位于山体陡坡处，距离湖面非常近，并不适合在这里修筑，但是建设成文学爱好者聚会用的山林别墅，则在很大程度上提升了园林的实用性、艺术性。庭院的格式布局整体上看过去就像一枚印章，结构和功能得到有机结合，在精心规划以后，游览线路更加丰富多彩，园林里的门牌、石阶、小桥等建筑物上的题刻生拙古朴，就好像刻章的刀法一样，把印章元素完美融入进园林规划里，使得游园就像赏印一样。

（六）植物配置的应用

植物配置要层次分明，以防出现单调的问题。采取花卉、绿草、乔木等不同种类植物进行多样化的艺术搭配，既可以丰富景观内容，还可以增强视觉效果。例如选择高10m的枫树、5m的桧柏、3m的红叶李和1m的黄杨球进行统一搭配，由高到低进行排列，以此体现层次分明的原则，分层搭配不同的花期，延长了整体园林景观的观赏时间，确保科学、充分地利用好每一种植物资源，建设具备当地特色的园林景观。

# 第四章

园林景观设计创新

第一节 湿地景观园林景观设计

本节对湿地景观园林景观设计进行了全方位的分析，首先简要概述了湿地及湿地景观的科学内涵以及湿地园林景观设计的价值与功能，其次详细阐释了湿地景观在现代园林景观设计中的应用，接着深入剖析了当前我国湿地景观园林景观设计中存在的问题，最后笔者在结合自身多年专业理论知识与实践操作经验的基础上提出了几点建设性的有效策略，从根本上促进我国社会经济的又好又快发展进步。希望本书可以在一定程度上为相关的专业学者提供参考与借鉴，如有不足之处，还望批评指正。

一、湿地及湿地景观的科学内涵

湿地是地球上水陆相互作用形成的独特生态系统，湿地的类型较为多种多样且为人类提供了丰富的自然景观，湿地在陆生和水生生态系统中起着过渡作用，而湿地园林是指以湿地为园林设计主要对象，致力于不断地改革创新与优化升级湿地景观模式，还能够综合城市的湿地类型与面积进行园林的绿化设计，再者，湿地融合了自然、文化与景观等要素的绿色空间，可以将湿地特征概括为生态系统双重性，还要利用不同地貌和周围的环境对湿地进行改造，湿地还可以有效地防止洪涝灾害，确保土壤不受侵蚀，使得设计原则和结构能基本实现美感、生态与环境的和谐统一。

二、湿地园林景观设计的价值与功能

一是吸收二氧化碳并对区域气候进行调节，湿地园林景观使得与大气之间进行持续的物质和能量交换，尽可能吸收人类活动产生的二氧化碳，增加空气中的含氧量；二是净化水质的同时降解污染，通过地表径流与水平地下水流来有效改善水体污染，还要借助于丰富多样的生物群落来净化水质，以物理过滤、化学合成与生物吸收的方式降解无害物质；三是对遗传和生物多样性具有保护作用，湿地景观园林更是被称为物种的基因库，它储藏着大量的遗传基因信息，这是生物进行演替的场所；四是起到良好的蓄洪防旱作用，因为湿地地区大多位于低洼地带，具有独特的天然优势。

三、湿地景观在现代园林景观设计中的应用

（一）人工湿地需注重对水体的维护及循环利用

人工湿地在城市景观的运用，应该注意水体的循环，致力于在系统间形成良性循环并净化水质，通过物理、化学与生物过程。重视景观效果与人类的关系，细节化处理湿地边界并以人为本，尤其对于大面积湿地的景观边界应考虑到水位的不定时变化，在不影响湿地过滤与渗透作用的前提下打造出良好的生态景观，再者，城市湿地公园生态景观的规划设计应该适当引进生态与景观效应良好的植物，充分体现出湿地景观乡土性特征。

（二）对湿地环境进行合理的景观设计

注重把握好植物和水面间比例的关系，严格按照土壤中含水量的差异和水深选取和放置植物，进而形成造型奇特的植物空间，还可以在湿地景观的周边优先选取具有季节变化的耐湿植物，也可以采取多丛片状的种植方式，根据湿地生态系统固有的特性来进行绿化。另外，要想充分发挥湿地生态系统的作用，还应该要科学合理地设置一定的休闲旅游产业，针对生物群落的改造与建立来讲，应优先考虑利用其原有的植物种子库，在植物布景方面要注意避免平面植物配置的距离，形成疏密有致、高低错落的空间层次，尽可能选择原生植物以便增强植物的适应性。

（三）以大面积自然湿地为主，避免保护、防止过度开发湿地

一方面，尽量按照水系的自然特点建造生态廊道，对于湿地资源较好的湿地游览保护区要严格限制游人数量，以保持湿地环境的完整性为宗旨，坚决避免遭受人类无节制的开发与破坏，对于大面积湿地的景观边界还应该考虑到水位的不定时变化；另一方面，湿地景观内的服务区和部分游憩区道路可以运用灌木或草本花卉进行简单朴实的道路绿化，注重与农田林网的配套复合建设并使得生态效益得到最大限度发挥，同时注重保持一定比例的高绿地率或高覆盖率控制区，退化湿地恢复区的植被规划要以恢复湿地生态效应为主要目的，在引进物种前还要做好生物安全监测工作。

（四）当前我国湿地景观园林景观设计中存在的问题

1. 功能布局不够科学合理

所谓的功能布局不合理主要是指在湿地生活区和景观区布局没有严格按照基本的园林设计规则执行，过多的功能性建筑物严重破坏了湿地生态系统的循环机制，直接造成废水泛滥等污染问题，许多湿地景观的设计理念较为传统陈旧，设计的方案也难以彰显城市独特的历史文化特色，再者，在设计的过程中没有充分发挥主观能动性，人工处理过多，破坏了人与自然和谐相处的原则，难以促进湿地内植物与生物的健康茁壮生长，更是直接导致湖泊的自净能力出现缩减，严重违背了我国倡导的绿色可持续发展战略。

2. 环保意识严重缺乏

当前我国湿地景观园林景观设计中存在的另一大缺陷就是环保意识严重匮乏，难以充分发挥出利用湿地环境的自净能力来调节人类对环境的污染，没有在保护生态平衡的基础

上追求美感，许多从事湿地景观设计的人员不具备丰厚的专业理论知识与实践操作经验，对待工作玩忽职守且不够认真负责，再者，没有按照动植物的生长特点来对湿地园林进行规划设计，湿地园林景观中的建筑物设计雷同，对园林中的功能布局不符合大众需求，进而使得功能发生冲突，总之，希望相关的专业负责人对上述问题引起广泛的关注与重视，并且采取及时有效的措施予以改善解决。

四、提升湿地景观园林景观设计质量的有效策略

（一）更新设计理念，加强环保意识

在湿地景观园林的设计过程中，必须要按照科学合理的创造性理念设计出符合具有中国特色的园林景观，不能单纯片面地追求经济利益而出现湿地景观千篇一律，应该始终秉持好"实事求是、与时俱进、开拓创新"的原则来更新设计理念，始终以增强相关设计人员的专业理论知识与实践操作经验为出发点与落脚点，充分调动起内在的主观能动性与积极创造性，更要对自然资源进行合理的开发利用，相关的城市建设部门要对湿地园林出现的环境破坏行为进行正确的教育指导，对湿地园林进行日常的维护。

（二）推动旅游项目的引进

充分引进湿地自然观光度假旅游与探险，湿地自然景观与优越的生态环境可以开展多种生态观光项目，统筹兼顾好湿地生态文化旅游与湿地生态科考科普旅游，凭借生态文化旅游促进区域文化特色的保护与区域文明程度提高，还可以举办鸟类鉴赏与知识讲座、观鸟夏令营与观鸟比赛等生动活泼的参与性活动。另外，在规划时设置集高效农业、休闲度假、旅游农业与科技示范为一体的农业生态园，让游客认知渔猎文化与稻作文化，尽情享受田园风光的愉悦快乐，湿地景观还要充分挖掘出宗教建筑、民间风俗与历史文化遗迹等潜在珍贵的文化资源，更好地造福于广大人民群众。

综上所述，本节对湿地景观园林景观设计进行探究分析具有重要的现实性意义，众所周知，湿地是全球三大生态系统之一，虽然湿地面积仅占地球表面积的8%，但是湿地却是全球上30%已知物种赖以生存的栖息地，科学合理的湿地景观不仅有利于创造良好的社会经济、生态效益且美化环境，还有利于为广大人民群众营造良好的视觉景观，湿地景观致力于维持好历史文化特征、现代生态理论与中国古典园林艺术之间的动态平衡，这是解决当前城市开发与湿地保护之间矛盾的最有效双赢途径之一，致力于追求更高层次、更新奇的旅游活动形式与内容，进而从根本上促进我国社会经济的协调稳定可持续快速发展进步。

第二节 城镇山地园林景观设计

经济增长促进了我国人们生活水平的提高，特别是城镇居民的日常生活发生了很大变化，对精神层次的追求也有着明显的提高，因此，城镇山地园林景观已经逐渐纳入人们的

视线,由于受到特殊地型的影响,与自然环境很好地融合在一起,使园林景观格外引人注意,同时也离不开设计者的规划与设计。本节介绍了城镇山地园林景观设计的原则,分析城镇山地园林景观的构成,进一步探讨城镇山地园林景观的设计方法,并提供一些参考性建议。

城市山地园林景观最明显的特征就是地形地貌,有山顶、有缓坡、有谷地,浑然天成一幅美丽的自然景观,但土质结构也受地形地貌的影响,通常缓坡或谷地的土质较好,适合绿色植被的生长,而山顶等较高位置的土质则受到风化与侵蚀的影响而比较贫瘠,普通植物不容易在这种环境下生长,因此,在城市山地园林景观设计中,要充分考虑到土质结构的变化,选择相应的适宜树种进行栽植,同时结合其他环境因素,采用现代化设计手段,促进城镇山地园林景观能够长足、稳定发展。

一、城镇山地园林景观设计的原则

(一)保护性原则

城镇山地园林景观设计中,在保持原有生态环境的基础上进行设计,包括生物、植物的保护,尤其是具有本土特色的乡土树种要重点保护,在设计中要合理选配植物种类,避免树种之间造成不良影响,同时还要结合山地园林景观土质的特点,选择相适应的植物加以引进和栽植。同时,在种植绿地时,要保护原有的野生花草,保持生态系统的平衡性。

(二)合理性原则

山地园林景观建设的目的是提高人们生活环境的质量,因此,以生态平衡为基底,在设计上要协调绿化与自然生态的关系。同时,在设计中要合理搭配植物种类,使植物之间和谐共存,形成合理的复层群落结构,植物之间有着明显的相互促进作用;避免把相克的树种栽植在一起,比如落叶松与云杉就不相适应,容易出现病虫灾害。

(三)统一性原则

城镇山地园林景观设计中,考虑到每个景观区域之间的联系,使每个景区都能形成相互呼应、相互衬托的紧密关系。在设计中要达到美化要求,还要与自然环境相融合,实现自然过渡的效果,保持设计的统一性。比如在设计草地种植面积时,要减少建筑物的设计,来增加草地绿化面积。在设计自然生态风景林区时,要设计好不同林种的布局。在整体结构上要有山靠山、有水依水,规划好地形设计,进而形成统一、协调的城镇山地园林景观。

二、城镇山地园林景观的构成

(一)自然景观

山地园林的自然景观,其主要特征是拥有起伏的山势,并且土壤类型较多,根据不同的山势与土壤,所形成不同特色的自然景观。比如山地的山脊与山谷构成了景观空间的边缘与轮廓,分别承载着不同的景观功能与元素。在地势平缓的区域可以设置建筑物,提供居住或者娱乐的场所,在山峰较高的位置可以种植绿色植被,构成绿色的山地景观,从而给人一种返璞归真的视觉感受。

自然景观中还包括蕴含在山体内的水系，水流的速度与山势的高低形成或急，或缓的水景，蜿蜒依山而下，不管是瀑布还是湖泊，都是凭借山地而形成的自然景观，山水相互映衬，透露出浓厚的自然气息。

另外，在山地自然景观内，还生长着大量的植物群落，是自然景观中的重点构成之一。这些植物群落会随着山势的变化而变化，在山势比较陡峭的地方，植物群落的变化也非常明显，在地势平缓的地带通常没有太多的变化。同时这些植被还受山地小气候的影响，在山地的阳面一般生长的植被都比较喜阳、耐旱，而在山地阴面则生长着耐阴的植物，其中还有一些具有明显地域特色的乡土树种，彰显着别具一格的风土人情。

（二）人工景观

在建设山地园林景观过程中，经常根据山势的变化而使用挡墙来划分各个活动区域，结合景观的主题设计出不同形式或色彩的挡墙，再加以装饰而增强挡墙的艺术感、观赏感。使用不同的材质会给人不同的视觉感受，比如木质的挡墙会给人以天然、质朴的感觉；毛石挡墙则透露出粗犷、豪放的感觉。在设计时通常会因地制宜，在满足原有功能的基础上，设计出与自然景观相协调的挡墙，给山地园林景观增添别样的游赏情趣。

山地园林中的园路是人工景观的主要部分之一，是为了游客的游玩而建的，并且具有引路的作用，引导游客到各个景观游赏。通常山地园林景观中的园路都是依山而建，根据山势的变化而实现景观交通的功能。园路具有多样性，布局自由，在复杂的山势环境下，园路会以蛇形的弯道展现在游客面前，游客在蜿蜒的园路中行走时，可以看到不同的景观画面，还有的园路会以之字形或螺旋状构成交通系统，有效缩短道路长度。一些山势比较高耸的园林通常还会辅以缆车来解决纵向的园路交通。

人工景观还包括为游客提供的服务设施，比如座椅、垃圾桶等，方便游人的同时，还要考虑到山地地形的限制，要以自然景观为主，辅以人工景观，形成相互呼应、相辅相成的山地园林景观。减少人工景观的布局，可以给人回归自然的真实感受，进而提高山地园林景观的观赏性、艺术性与自然性。

三、城镇山地园林景观的设计方法

（一）结合山地环境设计

地形地貌变化较大是城镇山地园林景观的主要特点，其直接影响园林景观场地的使用功能，从而建设成为形态各异的园林景观，并且由于空间特性的完全不同，可以设计出不同功能的景观活动场所。比如，地势相对较为平坦的地形，可以根据景观的综合需求，设计别致的实用型景观，而地势相对陡峭的地形，可以设计种植树木，或者为游人提供娱乐设施的场所，比如徒步、爬山、攀岩等。山地园林的地形地貌同样影响着土质结构，而植物群落则受土质结构的制约，因此，在设计中要考虑到山地气候、土壤类型，选择相适的品种栽植树木，结合山地环境设计园林景观，从而降低园林景观建设成本。

（二）结合空间结构设计

山地景观中经常可以看到顺着山势而建造的曲折小径，在景观中纵横交错，这也是山地园林景观流动空间的显示。在进行城镇山地园林景观设计中，要结合空间结构进行设计，把空间布局与流线组织融合在一起，在原有自然生态结构的基础上，建设富有多样性的景观层次感。空间结构设计主要是强调游客在游览的过程中，在视觉以及心理上产生的变化，由不同的空间结构、视觉主体以及轮廓组成的设计，都能给人以不同的感受，而其他类型的园林景观大多使用平面空间设计，表现不出复杂的空间层次，不具备山地园林景观的空间结构优越性。由此可以看出，结合空间结构设计，实现景观立体化，能够突出山地园林景观应有的特质。

（三）结合文化传承设计

山地园林景观要比平原景观的视线更为宽阔，这是受到山地起伏的影响而产生的不同视觉变化，从中更能表现出本土文化特色，因此，在设计中要存古求新，尽量显示出对传统文化的传承，还能体现出时代设计感。可以通过不同形式的建筑来搭建自然景观与人文景观，协调景观之间的比例，使建筑的轮廓、色彩与景观中的植被、山体相映成趣。这样游客通过山地园林景观中的制高点，可以把园内景观尽收眼底，形成对山地景观的整体认知，从中了解本土文化的基本特色。

在城市山地园林景观设计过程中，要结合当地的地方经济、地理环境、风土习俗以及民间艺术等多种要素进行综合性考量，每种要素都要合理的规划与设计，特别是对山地的特殊地质结构，进行有目的性地利用与改造，同时还要注重建筑物、水面、植被等方面的合理布局，不能只考虑施工方便或经济效益，要以保护原有的生态环境为出发点，进行景观种植规划，实现园林景观设计科学化、现代化与合理化，促进社会效益、经济效益、生态效益共同发展。

第三节　农业园林景观设计

农业园是依据生态环境，以农产品为可利用资源而建设起来的。农业园建设要充分彰显农业特色，实现自然与农业的完美统一，这就对农业园林景观设计提出了更高要求。尝试从不同方面探索现代农业园林景观设计，分析了现代农业园林景观设计的要点，提出了农业园林景观设计需要注意的事项，以期为园艺工作者们提供一些参考。

伴随我国城镇化进程的加快，社会经济水平的不断进步，城市居民的生活节奏越来越快，工作压力不断增加，因此，在我国大部分城市建设中，农业园林景观设计已经引起了社会各界人士的广泛关注，同时，农业与工业之间也越来越趋向于完美统一，推动了农业的转型与升级。

一、现代农业园林景观设计要点

（一）充分彰显园林设计特色

农业园林景观要想吸引更多的游客，在设计中要注意避免与城市景观的雷同，最大限度地彰显地域特色，体现当地民俗习惯，展示独特的农业环境。并在此基础上，避开与城市景观的相互渗透。

（二）确保农业园林景观整体到细节的和谐性

众所周知，在设计农业园林景观时，需要涉及的设计内容包括花、鸟、虫、鱼、水果、蔬菜等。不同的设计内容之间要有关联性，才能从整体上体现和谐统一。当然，不同的设计内容具有独立性，要确保园林景观设计细节中体现出设计内容的美感，做到局部布局合理。

（三）规划好园林景观设计的整体格局

农业园林景观设计的初衷是满足城市居民回归自然，体验原始生活的需求，因此，在整体格局设计方面，要尽量运用周围环境中的可利用资源，例如，山水。在选址时，主要考虑山水资源，如果没有山水资源，再去挖掘其他可利用自然资源。

二、现代农业园园林景观设计需要注意的事项

（一）重视生态环境问题

生态环境问题是农业园林景观设计中需要考虑的基础性问题，从总体上来看，需要科学合理地利用生态环境资源，以不破坏生态环境为主要的设计思路。目前，大多数园艺工作者采用生态规划法。所谓的生态规划法，顾名思义，把生态环境问题充分考虑到农业园林景观设计中，制定具有可行性的园林规划，最大限度地保护生态环境。具体来讲，在农业园林建设中，要重点保护土地资源，采用环保的施工方式，保障土地使用得当，并进行科学合理的土地规划。既能节约土地资源，也能使得种植和生产更科学，充分展示农业园林的魅力与风采。另外，农业园林景观设计要集生产和观光于一体，不同地域的人们生活习俗、农作物都有着一定的差别。结合不同的内容进行设计，充分彰显地方特色。

（二）充分考虑农业生产在农业园林景观设计中的作用

众所周知，农业园里拥有各种各样的农作物资源，而农作物的生产也体现了农业园的技术特色。园林景观：一方面为游客们提供了丰富的农产品；另一方面也提供了优美的观光体验，丰富了游客们的娱乐方式，使得游客们的身心得到愉悦，满足了人们对农家生活的向往。

根据农业园的功能来看，既可以是内容丰富的综合性农业园，又可以是主题相对单一的农业园，但不论是哪一种农业园林，都需要具备最基本的生产功能，因此，要把农业园农作物生产融入农业园林景观设计中，以提升农业园经济收益，实现经济效益的最大化，科学合理地规划生产用地，以满足景观设计需求。

（三）秉持生态可持续发展原则

农业园一般建设在风景优美的山区，除了地理优势外，也充分发挥了农业园的生态效应。农业园从属于自然的一部分，要确保生态环境的可持续发展，科学合理地布局绿化面积，让自然景观与绿化带有机融合，实现对自然环境的优化。把乡土文化融入农业园园林景观设计中，在设计农业园林景观时，充分体现出特色文化内容、民族习俗、历史文化等要素，使得所设计的农业园更具文化内涵。游客在观光时，除了增长农业知识外，也会对当地的风土人情有所了解，有利于保护以及传承地域文化，从而提升整个农业园的文化品位。

综上所述，在现代农业园林景观设计中，要充分彰显园林设计特色，确保农业园林景观从整体到细节的和谐性，并规划好园林景观设计的整体格局。在今后，还需要相关专家学者重视生态环境，充分考虑农业生产在农业园林景观设计中的作用以及秉持生态可持续发展的原则等方面进行进一步地分析与研究。

第四节　园林景观设计中水景营造

在我国城市园林景观的设计过程当中，水景设计属于一项不可或缺的内容，这种现象的产生是具有一定的原因的，首先就是由于我国园林水艺景观可以使园林景观更加具有生动化、动静相结合的美感、可持续性以及符合人们的审美情趣，等等，然后就是水景景观在园林景观当中显得更加动态化和自然化，也更加具有现代园林风格。

一、水景创意的重要性分析

（一）水景创意可以使得园林景观更加具有柔化空间的美感

在整体的城市园林景观设计当中，通过不断的融入水景艺术，不仅可以反映出真实的流动感受，而且该种方法还有着很强大的柔化作用。水景艺术可以更好地将人们带入到整体的感受空间当中，也可以很好地提升空间的活跃程度，同时也为人们生活的空间增添了几分乐趣，真实地将各种情景进行结合。比如通过设计出水的倒影或者是使用光影的变化，可以呈现出不同的艺术效果，也可以很好地柔化空间，给整体的艺术作品和环境增添生动的气息，不会使人们生活空间过于单调或者是乏味，增强了活动空间。

（二）水景创意可以使得园林生态更加多样性

在对城市园林进行整体设计的时候，水景的设计可以很好地反映出整体生态系统的多样化。在城市建设过程当中，通过将自然资源、森林资源以及水资源等相互结合，形成一个统一的生态体系，很好地呈现给人们一个保护生态环境的信息，而且在创作水景艺术表现多样化特性的同时，同样也需要遵循可持续发展的理念。不断地坚持低碳和环保，最大程度的保护我国的生态环境。水景园林景观多样化可以具体表现在瀑布的融入设计、人工湖的融入设计以及其他一些有关水元素的融入，等等。

二、园林景观设计当中水景应该具有的一些特性

根据我国园林整体建设工作的需求来说，如果可以很好地利用一些水元素，那么就可以不断地设计出一些立体化的动感效果，这就会使有关的园林景观艺术作品变得更加具有魅力性。该项内容属于立体动感当中的整体应用特点。在园林景观设计过程当中，融入水景的设计是非常重要的部分，如果设计师可以充分地把握该项灵魂，再充分利用现代的科学技术手段，不断地在园林景观设计当中融入一些嗅觉、视觉和触觉，等等，就可以充分表现出水景创新创作的运用特性。

三、在园林景观设计当中营造水景的主要方法和手段

（一）充分采用动静结合的方法

整体园林景观设计当中，作为最为主要的一个营造方式之一就是采用动态和静态相互结合的方法，通过两者之间的结合，可以很好达到相应的艺术效果，而且主要表现在可以使用喷泉来表现出相应的艺术形式，同样也可以采用涌泉等其他表现艺术的形式，等等。这些形式可以进行多种样式的水态图案表演，比如半球图带的展现、扇形图态的展现，等等。在众多的表现形式当中，也有着很多具有代表性的作品。部分音乐喷泉场所成功地将音乐、水彩、光彩等完美地结合在一起，呈现给人们多种多样的奇妙景象，而且还可以使得观赏者有着冰雪两重天的绝妙感受，让人大开眼界。动态和静态相互结合的方法运用非常普遍，比如奇特的自然景观静态的表现形式、流动的水和自然奇特景观相互结合的景观，这些都属于静态和动态相互结合，而且通过建设出人工瀑布和其他方式的瀑布，可以呈现给人们不同的艺术魅力感受。

（二）可以不断地采用水景和照明的烘托作用

在园林景观设计当中，必不可少的一个元素就是水元素，如果没有充分地利用好水元素，那么就不能很好地起到有关的作用效果。花园照明的重要对象不单单是动态的水景，还应该包括静态的水景。不管是潺潺流水的小溪或者是飞流直下的瀑布，各种各样的水景形式都有着非常动人的魅力。尤其是在晚上，可以起到更大的作用效果。比如漓江的夜景，晚上在周围灯光的映照下，就可以更加展现出丰富多彩的夜观景象，这给整体的漓江带来了魔幻般的效果，而且这种作用效果，必不可少的是水景和照明的共同烘托作用。

（三）充分利用水景和植被的氛围

全面营造的城市园林水景设计，应该充分注意到水面植被的有效结合和利用，可以充分发挥出这种效果，通过采用借景和对景的方法，可以产生俯视、仰视等不同的视觉艺术体会，这样就可以很自然地将水草、芦苇以及各种水生植物等等有条不紊的布置在整体的生态环境当中，也可以使植物与水景相互生存和相互调养，而且也可以显而易见地看出水元素的作用效果，可以深刻体会到整个艺术的气氛。在整体的艺术氛围当中，植物组成非常重要，植物可以种植的远远近近、疏疏密密等不同程度，而且未来也可以形成更加柔美

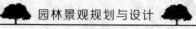

的线条，也可以在水边种植上垂柳，有着更强的美感作用，也可以形成一种鲜明的层次感觉，更加富有趣味，经过多项调查可以发现，也可以种植一些落松等小型水型植物。

（四）水景设计当中的动植物搭配

为了可以充分发挥出各种作用效果，必须要合理地搭配各种动物和植物。在选择一些植物的时候，也有着各种各样的要求，首先就是水质必须要健康干净，而且还要求在水中植物安置上，尽可能使用与水体形态和水体规模比较相适应的植被，这样才可以显得整体更加舒适，而且在搭配植物的过程当中，还要严格注重植物之间的疏密情况，合理的规划植物生长所需要的蔓延空间，避免出现分布不均匀或者是间隙过小的现象。

除了植物，在选择动物的时候，通常可以在水中饲养一些水中动物，一方面不仅可以增强了整体水平的审美强度和美感，而且也保护了水样的多样性，避免出现单一的现象。为了可以更加确保动物更好地生长，一般都是选择该地区的动物物种，这样就不会出现生长不适应的现象，而且还要严格根据水域的区域面积来确定饲养动物的数量，不能出现数量过大或者是过小，要严格的追寻自然规律，特别要强调的就是，一定要在水中建立起一定的食物链，只有这样才可以确保动物的正常生长。

四、园林水景设计的发展趋势

（一）更加注重水景的生态功能

由于人们在长期的生产过程当中，大部分都是通过牺牲环境来换取的，但是如果人类要想更好的可持续发展，那么就必须要充分的尊重自然、敬重自然。当然随着目前我国经济的迅速发展，人们的生活水平普遍提高，意识也在不断地增强，保护环境的意识也在逐渐增强，因此我们在设计园林水景的时候，就应该不断地融入生态的意识，而且还要将实现生态文明社会作为一个整体目标，不断地向前发展。比如一些设计比较成功的活水公园，在公园设计的时候就充分的利用到生态理念。

（二）要将当代水景设计与传统美学充分的结合

目前我国整体的园林景观设计的重要理念仍然还是传统的文化观念以及艺术理念，而且在这些理念当中还体现出来了一种历史文化的传承作用，有着很强的历史性作用。在运用传统文化元素的时候还不能用拿来主义，而是需要利用辩证的理解。由于园林景观设计在传统发展过程当中，就已经形成了被社会普遍认可的多种风格和形象，而且涉及的内容和美学特征也都被充分肯定，可谓具有了一定的基础。如果在传统美学的基础上面，再不断地加以现代水景设计，不断地融入一些新的特点，那么就可以使现在的水景社区与历史文化有机结合，更加体现出了现代水景设计的美感。

城市园林景观水景在设计的时候，不仅需要充分考虑到动静结合、色彩的相互搭配、山水的相互融合、光彩的运用技术等等，而且还要充分根据各个城市的发展，还可以不断品味整个城市，而且也可以不断地提升一些其他方面的因素，所以在设计水景时需要全面考虑，系统性、全方位的综合运用，从各个方面逐步研究，逐渐解析出当前城市园林景观设计的理念，把水元素充分地发挥运用于城市园林建造之中。

第五节 园林景观设计的生态性

新时期下，我国正在全力倡导构建绿色和谐的生态文明社会。为响应号召，现代化城市、现代化景区正积极向绿色、生态景观发展。从长远的角度来分析，为改善人们的生活环境，园林景观在设计时融入生态理念则具有了必要的现实意义，既不失景观美感，同时也可维持园区内部的生态平衡，对此，本节从生态园林景观设计的原则出发，深入探讨了生态理念在园林建设中的实践应用，旨在促进我国生态环境的健康可持续性发展。

一、生态园林景观设计的原则

（一）满足社会人文生态需求

园林景观的设计首先应满足社会人文生态的需求，当前随着国家经济发展水平不断高升，人们的生活节奏在日益加快，一系列的压力也随之而来，园林景区除了具备基本的旅游功能，还可为人们提供一个绝佳的游憩空间，深切满足人们内心回归大自然的渴望，通过塑造生态和谐的园林景观，不仅能够给予人们美的享受，而且还可以愉悦身心，极尽彰显人文社会的风范。

（二）突显地域文化特征

每个地域都拥有着自身独特的文化特征，文化即相当于地区的灵魂，因此园林景观的设计切不可盲目追求新意，而忽略了真正的文化内涵，其中地域文化主要体现在地区的社会习俗、文化形态、生产生活方式等，例如我国悠久的关陇文化、中原文化、吴越文化等，所以园林景观在设计时必须尊重且传承地域文化，向人们展示出地域生态园林景观独特的灵魂美。

（三）维持园林景观生态平衡

生态园林景观设计的关键即是要维持内部的生态平衡，唯有如此，才可推动我国建设生态文明社会的进程，并尽早实现可持续性发展的伟大战略计划。在具体的实践中，可通过充分调动物质循环、能量流动、信息传递等功能，以维持园林景观的生态平衡，有助于阻止生态环境恶化，且引领生态系统逐渐向协调平衡的方向演变。

（四）保护园林生物多样性

保护生物多样性是生态园林景观设计时所要遵守的核心原则，相关工作人员需要为景区挑选引进品种优良且适应力较强的植物，以丰富园林景区的植物种类，增强内部生态稳定性，并显著降低植物病虫害的发生率，同时也可提升园林的观赏价值，促进园林的生态和谐以及可持续性发展。

二、生态性理念在园林景观设计中的应用分析

在一些发达国家的园林景观设计领域，生态性的设计理念早已得到落实。随着我国社会经济的发展，这一理念的实现也不再是空谈，人们对于居住环境、工作环境等的要求越来越高，园林景观设计师在实际工作中体现生态性，首先要注重生态的内在与本质，其次要重视自然的发展过程，提倡资源与物质的循环使用，加强设计的园林景观的自我保持能力，最后要利用可持续发展的处理技术，将上述概念运用到实际园林景观设计中去。

（一）平衡性与注重改善理念的体现

在园林设计中体现平衡或均衡的理念是体现生态性的核心，生态平衡体现的是研究个体与环境的联系，注重两者质检的相互作用，目前较为常见的园林景观改造就是在一些废弃工厂区域进行设计，侧重于改善当地的污染环境并注重美观。设计师在实际工作时需要将改善原有生态条件为工作的前提，从垂直与水平两个角度去分析问题，在垂直方向注重不同植物的分层关系，提高植物的抗逆性，在水平方面，注重面积与分布的问题，将整体的布局设计与自然环境相融，并且在设计中，要符合因地制宜的设计理念，重视与环境之间的均衡。

（二）体现风景协调性的设计

不同的植物种类在每个季节所呈现的姿态也不尽相同，为了随时展现园林景区的美观和生机，就需要注重风景协调性。设计人员需要切实掌握植物群落的特点，结合生态发展指标，合理搭配植物种类，使园林在不同的季节均能绽放光彩，其间需要始终秉持尊重自然规律的原则，避免因过度追求新意而反其道行之，注重保护景区建设的生态多样性，同时结合社会人文需求，在设计中融入现代城市建设理念，分区规划，使不同的植物群落区域能够满足不同人群对于景观的需求，从而增强生态园林景观的实用性，推进人与自然生态的和谐。

（三）以节约能源为核心

从上文中的分析可知，植物的培养是体现园林生态性的核心。众所周知，绝大多数植物在生长、保养阶段都需要用很多水，而这些水只有一部分被植物所吸收，大部分的水都流入了下水道，造成了一定的水资源浪费，所以，怎样科学、合理地运用与节省水资源成为生态性园林景观规划的核心问题。首先，设计人员要充分了解植株的特性，在园林中乔灌木、草木等植物对水资源的需求都有所不同。以草坪为例，草坪的耗水量十分巨大，在园林设计中草坪的设计面积一般较高，为水资源的消耗带来了一定隐患，所以，从生态节能的观点出发，在规划过程中应尽量减少草坪的覆盖面积，注重提高乔灌木等耗水量较小的植物的覆盖面积。此外，在园林的水喷洒系统中，应尽可能选用小孔的洒水喷头，对待不同的植物进行不同功率的选择，合理安排每类植物供水时长。若园林设计师选用滴灌的方法，则应根据当地的天气进行灌溉。在此需要注意的一点是，要尽量避免在干旱时期对

植物进行剪枝或上肥工作，否则会加快植物生长速度，加大植物的用水量。在园林景观设计中，不仅要注重水资源的节约，在其他资源上都要做到节约，秉承着设计工作以节约能源为核心，这样才可以满足我国"可持续发展"的要求。

在园林景观的设计中体现生态化是目前园林设计的大趋势，设计者要注重内在生命力体现，而不是简单地去体现"绿色"，"绿色"的园林设计不一定具有生态性。在实际设计中要注重均衡、协调、再生、可持续等理念，这些方面的核心在笔者看来就是生命力的体现。设计者们可以参考自然环境中的一些植被，借此体现园林设计的内涵，还需要注意的是，在设计方案中要避免因过于强调效果图而忽视了实际性，过分依赖电脑视图而忽视了现实。

第六节　寺庙园林景观设计

作为中国古代物质文明的载体，寺庙的独特建筑形式以及丰富园林景观设计，集中体现了我国传统崇儒圣贤、崇拜宗教的思想观念，反映着古代人们崇尚心理、审美情趣和价值观念，也是中国古代精神文明的载体。以实际寺庙园林景观设计为例，从中分析并掌握寺庙园林景观设计的特点，并通过归纳当地环境特征尝试性地在寺庙园林景观设计中融入生态设计，从而创造出全新的寺庙园林景观。

一、项目概况

在研究设计过程中，以正观教寺及其园林景观设计为例。正观教寺乃天台宗祖庭之一，天台宗九祖，湛然大师（711—782）曾经在此问道和修学。正观教寺发扬法华精神，致力于法华三昧。积极推广法华文化，秉承"禅、净、律、教"同体并重理念，把禅修教学和净土念佛，即道风建设和大乘顿悟法门，平等不二地弘扬于天下。

（一）区位分析

正观教寺是"越龙山国际旅游度假区"六大旅游项目之一，位于金华兰溪市东北部，地处大金华山北坡兰溪市内，属金华山旅游经济区兰溪分区。该项目以水库为核心，群山环绕，环境清幽。山峰根据高低不同分为内外两层，恰如莲花花瓣舒展，形成得天独厚的炼化地。

（二）规划理念

规划依托天造地设的莲花状山水地形，以弘扬天台总禅源为主旨。融合"止""观"修行法门，借势山水，以最小干预原则营造禅意空间，使人心神愉悦，情有所托，智有所益，思有所归。结合传统"禅文化"与旅游休闲，合理布局功能，围绕莲花湖形成"止观禅修环"，打造集宗教禅修、禅意度假、文化交流为一体的国际佛教文化修行旅居度假目的地。

（三）"一心一环二片六区"的整体规划

项目地位于大金华山北坡，因此，项目整体坐南朝北。寺庙原址在现状水库内，因为地质运动导致了寺庙被湮没。复原的寺庙以古寺庙建筑的最后一道围墙作为新建寺庙的第一道建筑的围墙。寺庙在规划平面空间时，以止观园般若镜（水库）为核心，以放射状向周围发散，这一设计形式被称为"一心"。围绕中心般若镜，形成环状佛教修行区域，该设计方式为"一环"。而根据修行者特点，在"一环"外的区域设置了修身和修心两个片区，即，生理层面和心理层面，被称为"二片"。外围由六大功能板块所围绕，主要包括香道朝神区、禅文化交流区、禅院清修区、寺庙礼佛区、禅意休闲区以及莲花湖景观区，统称"六区"。正观教寺坐落于整个止观园的南侧，背山面水。

二、寺庙园林景观设计的特点

（一）具有公共游览性质

区别于私人专用宅院，寺庙园林在前期设计过程中，将广大游客和香客纳入了设计考虑范围内，不但可传播宗教信仰，且在某种程度上可供人游览和观赏。

（二）具有历史悠久连续性

寺庙园林与皇家园林最大的区别在于，寺庙园林不会因朝代的更迭而被废弃或摧毁，且不会像私家园林一般随着家业的衰败而遭受破坏。从某种角度来看，国内部分寺庙园林运营时间长达数百年，具有较强的稳定性与连续性，因此，在设计寺庙园林景观时，应紧紧结合原有景观园林基础条件，在景观材料的选择上，尽量选择古朴自然、具有禅意的元素，减少人工痕迹。

（三）选址均以名山胜地为主

对于寺庙园林的营造而言，选址是其中一项较为关键的内容，在具体设计过程中，应坚持"因地制宜"原则，积极发挥自身地势或环境等优势，规避区位特点上的不足，通过有效利用寺庙所处地貌环境，如有效运用山岩、洞穴、水潭、溪涧、古树以及丛林等自然景观，实现自然雕饰，并通过一些点缀物，如，桥、台、亭、堂、佛塔、院墙、山门以及爬山廊等，自由组合其中内容，最大限度地发挥点缀效应，确保所设计园林景观有天然情趣，并充分体现宗教精神文化。

（四）天然加人工思想设计而成

在寺庙园林景观设计过程中，为确保建筑、自然、文化三者之间关系的和谐，可充分运用自然构景的设计手法。传统寺庙园林在景观设计时，最擅长的是在建筑中融入自然事物或人工形式，沿地形结构建立根基建造房屋，善于运用园林建筑组织或剪辑景象，深化景观所要表达和呈现的意蕴，善于依山就势进行巧妙的设计和搭建等。

三、寺庙园林中生态设计要点

在我国四大古典园林艺术中，寺庙园林具有十分显著和独特的功能特点，而随着现代化发展的不断加快，寺庙建筑物与寺庙景观相互协调、相互促进、相互发展，渐渐发展为"你中有我，我中有你"的形态。魏晋南北朝时期，出现了最早的佛教景观，寺庙景观以科学化、合理化形式在寺庙景观中融入佛教理念，并始终强调景观传统文化形态，促使传统历史文化价值、保护价值以及审美价值等得以继承和发扬。在寺庙景观设计中融入生态设计，可加深寺庙文化韵味，幽静的寺庙以及如画的风景园林，提供了更加优美、舒适的修行场所，可净化人们心灵，从而更加深刻地领悟自然之美。

在设计正观教寺生态园林时，特别是植物配置方面，尽可能以"精·简"为主，即精致简洁。每棵植物的布置和选材追求工匠精神，力求场所与植物的完美融合。具体植物配置流程如下：（1）天王殿：山门—铺装—绿化带（苔藓景石、银杏、茶梅、高山杜鹃）—铺装—绿化带（造型松）—铺装—天王殿。（2）大雄宝殿：铺装—绿化带（竹、造型松、苔藓景石、鸡爪槭、银杏）—铺装—绿化带（银杏、紫薇、造型松、丛生白玉兰、乌桕、白皮松）—铺装—大雄宝殿。（3）藏经楼：铺装—绿化带（七叶树）—铺装—绿化带（沙朴、梅花）—铺装—绿化带（造型松）—铺装—藏经楼。

四、寺庙旅游开发的战略性研究

（一）势与威胁

绝大部分寺庙处于山地地区，当地交通运输条件落后，严重阻碍了各地文化的交流与融合，并在某种程度上影响了当地经济发展。随着各地经济的快速发展，新文化与传统文化的冲突逐渐显现，两者难以有效融合，而如何进一步促使各类文化紧密联系，成为当地未来发展主要的研究方向。

（二）旅游资源保护与开发

从性质上来看，旅游资源具有一定的生命周期性，加以保护旅游资源可有效延长其寿命，但从实际来看，旅游资源对旅游经济有着较强的依赖性，若未能做好相关旅游资源的保护工作，将直接造成经济损失。

人类生存的自然资源和社会资源出现严重问题时，人们才意识到应该拯救环境、拯救自然、拯救人类社会，为此，如何在人类社会中形成生态文明意识、扩展旅游资源保护共识，形成可持续发展，成为此次方案设计的重任所在。

综上所述，作为我国四大古典园林之一，寺庙园林在建筑结构和景观设计不断发展的今天，寺庙园林设计发生了改变，逐渐朝"景中有庙，庙中有景"的方向发展。寺庙在建设的过程中，也通过植物与建筑体、水系等相互配合，组成"风道"，以便将清新凉爽的空气引入其中，提高环境的舒适度。寺庙的景观设计，不仅仅是物质上的美化功能，更是一种实用型的设计智慧，也是彰显禅宗意境，并在宗教文化熏陶下思考与追求美学创造性。

第七节　低碳园林景观的设计

低碳理念在园林景观设计中的融入，不仅能够改善城市居民的生活舒适程度，还可维持社会健康可持续发展以及城市的生态化建设。园林景观设计者应从实际出发、因地制宜，设计符合城市发展特点、绿化需求、低碳环保的园林景观，提升园林设计水平。本节简单阐述了园林景观低碳化设计的重要性，分析了低碳概念下的设计原则，并在此基础上提出几点主要设计措施。

园林的发展在我国历史悠久，但低碳二字的提出是起源于地球不可再生资源短缺以及温室效应下人类对自身发展以及城市化发展做出的长远规划。从步入工业时代以来，城市化建设、工业生产等多个领域大量使用地球不可再生资源，温室气体含量的增多导致地球生态危机持续加强，全球变暖现象逐步严重，环境问题逐渐受到重视。随着社会经济的发展以及社会文明的进步，人们在生活质量要求提升的同时，必须认识到各种城市建设在资源合理利用，以及环境保护方面的必然要求。从园林建造以及园林设计方面来看，低碳理念的应用势在必行。

一、园林景观低碳化设计的重要性

随着城市化建设脚步的不断加快，城市规划者以及景观建设者均逐渐认识到风景化园林景观对城市发展、城市绿化的有益影响，而其设计环节则应更重视绿化、环保、低碳等相关理念的有效运用。花草树木由于品种的不同，在生长习性、生长条件、生长环境、生长寿命、美观程度等方面均存在差异性，对不同种类绿化植物的规律性布局，能够让各类植物形成一个有机整体，充分发挥出美观绿化的功能。

低碳化园林景观不仅能为城市增添一道绿色风景，还能够让城市居民感受到经济发展环境下城市体现出的人情化、舒适化，城市的发展与植物组群，可达到交相辉映的效果，但在设计过程中若无法应用低碳理念，导致园林景观的存在造成城市碳排放量增加或无法起到环保绿化作用，会直接影响到园林景观存在的必要性。目前不少城市将园林景观设计在城市主干道路两旁，充分利用植物资源，采用植物组群式布局的方式为主要设计方案。例如沿线种植雪松、白蜡、国槐等适龄规格的树木，并组团式配备木槿、女贞、剑麻、黄杨球、连翘等小型植物，局部栽植凤仙草、狼尾草、矮牵牛等地被植物。在色彩艳丽、节奏明快、层次分明的植物布局安排下形成一道靓丽的生态风景景观，这便是低碳景观设计的体现。换言之，低碳园林设计的存在，不仅是美化城市的有效手段，还需要达到改善城市整体面貌、净化城市空气的效果。

二、低碳园林景观设计原则

（一）材料低碳原则

园林景观的设计，首先应从材料上确保各项材料的应用处于低碳环保状态，尽可能减少废弃物排放量，减少碳成本。在设计及建设的每个环节控制二氧化碳排放，以及废物量排放，控制能源消耗，从根本上让园林景观呈现出低碳状态。

（二）持久化原则

园林景观的设计需要以生态环境保护为主要目标，在设计前仔细勘查现场，合理利用各类资源，科学合理地展开设计。同时，设计应坚持持久化原则，考虑到城市发展规划以及城市本身的景观设计方向，在景观的养护、建设等环节控制能源消耗，让景观能够在城市中持续发挥美观、环保、绿化的作用，避免使用周期过短导致不必要的浪费。

（三）施工环保原则

对于园林景观而言，除了设计环节需要应用低碳理念外，在设计中还应考虑到园林建设过程中，以及后期维护阶段可能出现的能源消耗，或对环境产生的不良影响。设计师需认识到低碳的发展处于循环、动态、持续化过程，设计之初便考虑到能耗消耗、机械使用、土方挖掘等方面的能源消耗，在管理模式上，对各类植物景观的养护做到低碳化，因此，在设计中，可适当增加绿地面积，让低碳二字彻底落实。

（四）量化原则

量化原则要求园林景观设计师让低碳理念的相关数据量化，通过更科学的数字化规划，达到更精准的低碳化设计要求。充分考虑到碳排放量，对二氧化碳排放准确计量，从而提升能源利用率。量化原则下设计师能够让园林景观设计对生态生活环境，以及社会发展起到更积极的作用，让低碳理念的应用落到实处。

三、低碳园林景观设计主要措施

（一）合理安排建设材料

在低碳化设计过程中，首先应考虑到低碳材料对景观设计在可持续发展，以及环境保护方面的重要性。使用温室气体排放量小、污染小、能源消耗低、可循环使用、使用周期较长的新型材料，并且材料最好具备可回收再生产性。低碳材料需大量应用于铺筑园林道路、构建景观建筑等方面，传统园林景观设计时，选用的钢筋混凝土结构，可以通过木结构材料代替，减少温室气体排放。同时，可推广再生能源的利用，例如加大景观设计中，重复或补充利用沼气、生物质能、潮汐能、水能、太阳能、风能等能源，尤其是目前太阳能及风能，不仅可增添园林的科技性，还可以让园林景观呈现出现代感。通过可再生能源光伏发电设计路灯，是目前应用较多的一种低碳材料体现。

（二）水体景观的低碳设计

随着园林景观设计感的逐渐加强，水体景观在园林景观中的组成比重逐渐加大。水是重要组成元素，能够让园林景观更具活泼性、生动性。在设计过程中，不仅需要强调水体景观对园林整体的动态化效果，还应注重其生态性设计。首先，在选址上，其设计基础在于地形与自然水源，园林景观若能靠近自然水源，可明显控制水能源的消耗，避免由于过度追求水体景观建设而出现的电力浪费；其次，在辅助设施设计方面，音乐与灯光往往是水体景观的标配，这些辅助设施不应过度强调，否则反而造成电力浪费；最后，在水体景观中，可适当配备水体植物，不仅可增强景观效果，还可以达到生态化作用并净化水体，从而增加观赏性及景观寿命。

（三）充分利用自然资源

园林景观的低碳化设计也是低碳经济的一种，不仅需要达到环境保护效果，还应从能源节约上着手，尽可能使用水能、风能、太阳能等自然资源控制经济成本，建设绿色园林。在施工与设计阶段，电力资源与水资源是最常见且宝贵的资源类别。尤其再利用与回收水资源，可增强雨水综合利用进行喷洒或二次灌溉。在植物设计安排上加大底层土壤渗透率，让水资源能够得到良好储存与利用。城市发展过程中，紧张的土地资源阻碍了园林景观的大规模建设，因此，必须充分利用土地资源，采用立体绿化与垂直绿化的方式，充分利用房屋建筑墙体、居民屋顶、城市吊桥等位置，以藤蔓植物满足城市绿化需求，达到吸收二氧化碳、去除空气中尘霾、美化城市景观的作用。

综上所述，低碳园林景观的设计需考虑到园林的发展背景、城市发展需求、绿化建设方向、资源利用程度等多个角度，在设计上符合低碳、持久、环保、量化原则，充分利用现有资源，最大程度地提升绿化率，并控制电能等不可再生能源的消耗，让园林的存在真正为城市持续化建设添砖加瓦。

第五章

园林景观规划设计的理念

第一节　公园园林景观规划设计

城市建设发展中，人们对生活环境要求也在提高，随着相关休闲服务设施、娱乐设施的完善，城市公园的功能和规划模式也在发生着变化。为进一步满足城市建设和发展需要，满足人们的精神需求，城市公园园林景观设计规划也要与时俱进。我国园林艺术发展历史悠久，有着丰富的文化内涵，但在当前现代化发展下，城市园林景观设计存在一些问题，需要进一步改进和完善。本节主要探究城市公园园林景观规划设计，了解其设计规划中存在问题，以及城市公园的功能，完善其规划设计策略，逐渐发展现代化的规划建设模式。

城市公园是城市重要的基础服务建设，是居民生活和娱乐不可或缺的重要场所。近年来我国城市化水平大力发展，城市化进程在加快，对其环境质量也有了更高的要求，因此，城市公园也在繁荣发展，作为居民休闲娱乐、交流活动的开放性空间，是城市中重要的文化传播场所。具体要使其功能顺利发挥，促进城市形象的提升，就要不断提高规划设计水准，使其建设更加满足人们的需要、适应城市发展。

一、城市公园在城市中的功能和影响

（一）城市公园在城市中功能

城市公园指的是除了自然公园外的其他功能，主要有综合公园和各种专类公园。我国城市公园的功能主要是生态、空间景观、防灾、美化等。其景观设计在环境、经济和文化等方面，都具有一定的显现和隐形价值，因此在布置公园广场中，要从人的需求出发，使其具备更广泛的适用性，优化区域内的资源配置，使人们之间的交流加强，城市发展更具活力。

（二）城市公园对城市的影响

在城市公园中，栽培的花卉、草木等，可改善城市生态环境。特别是其中的大批绿地，在视觉给人们以美的享受，也可发挥一定效应并改变局部小气候。植物的光合作用，可以释放出氧气，同时抑制粉尘和汽车尾气等污染，对保护生态环境有着积极意义，同时可以美化城市景观、塑造人文景观，对加强人际交流等有着积极意义。

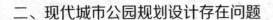

二、现代城市公园规划设计存在问题

城市公园景观设计是一门工艺技术，其设计中要有科学性和规律性，实现经济效益、生态效益的统一。具体工作十分系统和复杂，涉及的内容也比较多，需处理好人与自然的关系，有效提升景观环境形象、城市生态绿化程度、满足人们精神需求等。当前其设计规划中的问题主要体现在以下几方面：

（1）盲目追求档次。在公园设计中，盲目追求档次，特别是一些大城市的公园设计中，注重追求形式美，而在具体设计中忽略了科学依据等。

（2）对原生态考虑不足。城市公园设计本身是绿色环境的体现载体，应注重生态环境设计，而一些城市公园设计中，只考虑眼前利益，没有贯穿实施可持续发展理念，在缺乏科学认识下，无法全面考虑环境与资源等问题，而打破了植物与树木的生态平衡，降低了园林景观设计科学性。

（3）对人的需要关注不足。城市公园是人们休闲、娱乐的地方，在这里人们的心灵得以释放，压力得以缓解，这是公园的一项重要功能，而对人们的需求关注不足，其设计中就难以充分考虑景观会带给人们的需要，影响到设计成效。

三、城市公园园林景观规划设计提升路径

（一）城市公园景观设计原则

首先是同步规划原则，建设单位编制规划方案时，要在总体规划下同步规划园林景观，实现园林、建筑与环境的统一；其次是以人为本的可持续发展原则，景观设计要创造宜人的绿色环境，满足人们的审美需求。在绿地设计中，要体现出可融入性和可参与性，满足人们的需要；然后是因地制宜原则，要充分利用原有地形地貌、实地和自然水系等，减少施工中土方开挖，在公园等改造中能够保留其历史信息，将城市历史文脉融入，使园林更具自身特色；最后是植物造景原则，要运用植物的色彩、姿态和风韵等多种美，结合平面绿化和立体绿化，通过多种色彩配置，呈现出优美的动态变化，保证其生态效益。

（二）公园设施设计

在公园设施设计中，要充分考虑游客的参与机会，充分调动人们参与其中，能够放松自身心灵，对此要保证公园的开放性，使其边界与城市其他部分良好过渡，实现两者的直接接触，城市公共空间得以延伸，因此其设施设计要与整体环境保持良好协调，比如在照明设施方面，其色彩和亮度要根据实际需要确定，按照游人容量的20%~30%设置座椅等，将其合理分布，以供人们休息使用。广场出入口、园内公厕等，其设计要达到无障碍设计要求。

（三）提高人的参与性

在公园景观设计中，要强化各区域的功能，创造多样化的场地，满足游人和市民需要，体现出以人为本的理念。设计中要提高人的参与性，比如在水嬉游乐设计中，就要凸显大水面，体现出水的灵动，激发游人对水的亲近。水面视觉效果也要强化，以带给人们视觉

上的冲击，水岸线设计也要连续、动感、自然。

城市公园是开放性的娱乐场所，其中的绿化景观是重要的装饰元素，具体设计内容、设计方法会对公园的使用功能起到较强的主导作用。在设计工作中，需明确设计目标，按照其生态学、人本原则等，完善景观设计手法，提升其设计价值。

第二节 园林景观规划设计要点

通过科学合理的园林景观规划设计，可以有效地改善城市生态环境质量，美化环境，为城市居民提供休闲游憩的空间。在园林景观规划设计过程中，需要以地域性、以人为本及人与自然和谐统一为具体的设计原则，通过打造出独特的地域风貌，并协调好人与自然的关系，从而将园林景观以美的形态展现在人们面前。

一、城市生态环境与园林景观规划设计相互作用

放眼宏观视野，用发展的眼光看待城市大规划战略，充分彰显城市的文化内涵，改善城市生态环境，园林景观规划设计将发挥尤为重要的作用，因此在园林景观规划设计过程中需要加入现代化理念，充分发挥园林景观规划与生态环境有效结合，在设计理念上注重景观的实用性和美观性，同时还要通过科学选择树种、花卉对城市生态环境的影响来实现对城市生态建设的有效保护。在实际规划设计过程中，尽可能地使用原有树木、花草和石头等资源，再相应的加入一些元素，因地制宜进行景观设计。同时所选植物尽量选择本土植物，不仅有利于促进城市生态环境的健康发展，而且对城市生态平衡也具有重要的作用。

二、园林景观建筑小品的规划设计

园林中的建筑小品以亭、台、楼、榭等为主，主要供游人休息游玩。对于这些建筑小品进行规划设计时，需要做到因地制宜，使其要充分地融入周围环境中去，因此需要基于当地环境气候特点来进行建筑小品设计，并使其总体结构依形就势，充分地利用自然环境的地况。建筑小品在规划设计时空间结构和布局要力求活泼，合理安排建筑空间结构及组织观景路线。在内外空间过渡之处，需要做好明暗、虚实处理，自然与人工需要合理过渡。

三、园林景观中的生态绿道规划设计

在园林景观中进行生态绿道设计需要与当地的地貌特征及道路规划布局、自然及人文特点相结合，全面了解这些因素，并与城市居民的实际需求作为出发点，遵循"以人为本"的设计原则。可以利用绿化带来隔离出部分人行路，并在道路上增加休息设施和服务设施，利用花草树木的形式来对道路小品、标志及创意造型进行布置，在生态绿道规划设计过程中更多体现人文原则及多样化特点，不仅可以美化环境，同时还能够增加园林景观的趣味性。另外，在园林景观中的园路铺装设计时，需要考虑到路面质感、路面色彩、路面纹理

及路面尺度等因素，选择质地优良细质的材料，路面色彩要与景观协调一致，路面铺装时组成的线条和尺寸设计要体现出功能性与美观性的和谐统一。

四、园林植物合理配置，提高植物绿量

在园林植物配置过程中，需要使植物能够随着季节变化而表现出不同的季节特征，随着季节变化园林中的植物色调也循环交替。在具体规划设计时，要求设计者要根据大自然的特征及植物的变化规律，合理进行植物配置，以此来确保生命的不断延续，使园林能够时刻充满生机。在园林空间安排上，植物摆放要能够将园林的整体美观更好地体现出来。由于园林植物绿量直接关系到整个城市的环境质量，特别是在当前城市人均绿地指标相对较低的情况下，需要利用较少的绿地，在植物景观中通过增加更多的绿量来增加光合作用，达到净化空气的目的，因此植物配置时需要增加乔灌木丛及林荫树，同时还要使绿色向立体化扩展，构建多景观的绿色体系。在植物景观规划设计过程中，还需要考虑到生物物种的多样性，通过多品种的组合，形成不同类型植物的优缺点互补，提高园林的覆盖率，最大限度地增加园林中的植物绿量。

五、科学规划，体现水景的设计的美感效果

在园林水景规划设计中，一定要科学规划，统筹考虑重点分析和研究水景的特性，然后根据其特性，科学、合理、艺术地利用水景元素，通过对空间的组织、建筑的造型、植物的布局等进行协调、统一，呈现景观的变化，达到移步换景的效果。水景设计要根据水景的种类特点进行，有静水、有动水、有落水、有喷水等多种类型的变化。静水宁静、轻松而且平和，而动水则活泼、激越、动感。在水景的设计中，可以根据其环境条件，或就地利用，或人工建造，或静或动，或静动结合，体现动态的变化。静水的应用体现在湖泊、水池和水塘等形式上，而动水一般以溪流、水道、水涧、瀑布、水帘、壁泉以及喷涌的喷泉等形式呈现。可因地制宜进行天然或人工的水景设计，天然水景讲求借景，以观赏为主，现代设计中，人们易于接受自然的事物，所以在人工水景的设计建设时，一定要与周边环境自然融合，不宜过多的显露出人造痕迹，这样才能更好地将水景的美感呈现出来。

在当前园林景观规划设计过程中，设计人员需要通过具体的规划设计来改善人们的居住环境，为市民提供一个整洁、健康环境，因此在实际规划设计时，需要与城市的特点相结合，以整个城市作为载体来合理对园林景观进行规划设计，实现对城市生态环境的改善和美化，从而为人们提供一个舒适的休闲、娱乐、健身的场所。

第三节　观光茶园园林景观规划设计

茶园园林景观规划设计对于提升观光茶园种植区域文化价值、生态价值、经济价值具有重要作用，因此，我国观光茶园园林景观设计者要根据茶园地域特点、茶叶产业发展要

求、茶文化特点，从设计原则、景观规划布局及景观设计手法方面入手，提升观光茶园园林景观设计效果和文化品位，为茶叶资源开发利用及茶园生态环境的可持续发展奠定基础。

观光茶园以茶叶种植生产为基础，通过对茶园景观元素的规划设计，在挖掘茶园旅游价值的同时，将茶叶、茶文化、乡土文化、田园风光等元素有机结合在一起，对茶业资源开发利用、茶叶产业结构调整、茶叶种植区生态环境改善和茶叶产业可持续发展具有非常重要的意义。然而观光茶园这一新兴生态茶业形式在我国尚处于起步阶段，各大茶叶产区虽然对茶园建设投入了大量人力、财力和物力，但是却常忽视茶园园林景观规划与设计，导致观光茶园建设普遍存在主题雷同等问题，甚至很多地区陷入模仿建设和重复开发的怪圈。基于此本节以观光茶园园林景观设计内容与重要性为切入点，剖析当前景观设计中存在的主要问题，旨在为我国观光茶园园林景观规划设计提供启示。

一、观光茶园园林景观规划设计及其价值

（一）观光茶园园林景观设计内涵

观光茶园园林景观设计主要是指在传统茶叶种植自然条件下，对茶园基础设施、茶园布局、茶园自然风光、茶园建筑等区域开展园林景观式规划设计，将传统茶园建设发展为集传统茶叶生产、茶文化传承、旅游产业发展等功能于一身的新型茶叶生态园区的设计过程。具体来说其规划设计的内容主要包括：首先，对茶园自然环境元素的规划设计。茶园自然环境要素主要指茶园自然条件，自然元素是观光茶园特色的主要构成元素，同时也是茶园园林景观规划设计的最重要物质基础。具体来说主要包括：地形：作为茶园园林景观设计的骨架和基础，山地、坡地、平地等地形地貌对于茶园景观空间构成、布局、小气候、规模等具有直接的影响；水体：作为茶园景观设计过程中变化形式较多的元素之一，水体不仅能让茶园景观得到统一、联系，而且对于维护生态气候，增加茶园娱乐功效具有非常重要作用；茶叶植被：作为茶园美感和生命力最主要的表现元素，茶叶等植被的规划设计能提高茶园环境观赏价值，同时软化茶园建筑空间，同时调节茶园风速、温度及光照，调节茶园区域的小气候。其次，对茶园人文景观元素规划设计。人文景观元素是在天然园林景观之外，由人工建设而成的景观元素，在观光茶园园林景观设计中其主要包括：茶园道路：作为茶园景观元素间最重要的联系纽带，茶园道路是茶园景观的主要脉络，具有引导、划分、组织茶园园林景观的作用；茶园建筑物：茶园建筑物是茶园地方特色、民族特色、时代特色的主要表现形式，无论游憩类、展示类建筑还是管理、服务类建筑，茶园建筑物的设计规划能让其与茶园色彩、外形、环境完美结合，对于茶园美观、茶园服务功能都具有非常重要作用。除此之外，人文景观元素规划设计还包括对茶园的园林设施，如交通、照明、卫生、装饰等元素的规划设计。

（二）观光茶园园林景观设计的价值

首先，茶文化传承价值。茶园园林景观设计是围绕传统茶文化的园林景观，无论自然元素还是人文景观都承载了我国传统茶文化内涵，因此茶园园林景观设计既能最大程度普

及地方茶文化内容和历史，促进对游客和地方政府对传统茶文化的传承；其次，茶叶产业经济价值。观光茶园园林景观规划设计能为传统茶园带来新的盈利模式，大量园林景观的合理规划设计能增加茶园旅游价值，为茶园带来新的经济增长点，同时也对茶园茶叶产品的营销推广也起到一定的推动作用；最后，生态价值。观光茶园园林景观规划设计中，通过茶树、茶园地理环境、茶园生态气候环境的合理利用开发，能让茶园生态元素形成有机整体，让观光茶园生态系统处于良性运行中，实现茶园及茶园周围环境的平衡及协调发展，成为茶叶种植地位绿地系统及生态绿化重要组成部分。

二、我国观光茶园园林景观设计存在的问题

观光茶园在我国尚处于起步阶段，由于缺乏先进科学的设计理念和方法，导致其景观设计中存在很多问题。首先，园林景观整体布局缺乏合理规划设计。我国茶园多处于丘陵山地地区，地形地貌较为复杂，然而我国茶园景观设计师对茶园地形地貌缺乏针对性考虑，导致现有观光茶园的空间布局、园林景观分布、道路设计等方面过于细小零碎，种植区和建筑与茶园地理环境不协调，不仅无法形成规模效益，而且还破坏了原有茶园自然景观；其次，园林景观规划设计缺乏新意。当前我国观光茶园园林景观规划设计存在明显同质化问题，重复开发、过度模仿、生搬硬套现象较为严重。很多茶园设计者由于缺乏园林景观设计能力和茶文化知识，导致茶园在美学构图、茶文化内涵、地域特点方面的景观元素较为缺乏，景观造型过于千篇一律，无法满足现代游客心理需求；再次，功能性较弱。当前很多茶园园林景观设计过分追求园林景观的审美作用，而忽视观光茶园本身的功能性，导致文化性、艺术性和功能性不平衡，甚至部分茶园在园林景观规划设计中，完全忽视茶园观光、生态、旅游等功能区域的划分，对茶园生态环境和园林景观肆意开发建设，导致茶园景观的视觉效果与地理环境、气候环境、文化环境缺乏关联性，茶园文化主题混乱。

三、观光茶园园林景观规划设计质量提升策略

（一）秉承"生态、人文、功能、参与"设计原则

观光茶园园林景观规划设计不仅涉及景观设计专业知识，而且还涉及美学、生态学、茶文化等不同领域专业内容，因此，在园林景观设计中，设计者必须要重视茶园生态环境、人文环境、功能性及游客参与性，确立以下园林景观规划设计原则：首先，秉承生态优先的规划设计原则。观光茶园景观设计必须要根据当地气候条件及地貌地形特点，尽量选择适生性茶树及茶叶花卉类植物景观，同时以水体、桥梁、道路为茶园景观骨架，结合茶叶种植区域文化及人文景观，将特色茶叶种植、生产、园林景观布局结合在一起，对茶园景观统筹规划。其次，秉承自然与人文结合的规划原则。观光茶园规划设计过程中，设计者要充分体现茶叶为核心的生态景观，同时也必须运用茶叶文化、人文历史及民俗民风体现茶文化内涵及茶园地域特色，将茶叶、农业、农村、田园与自然景观、人文景观结合在一起，让茶园不仅具有视觉冲击力，也要具有文化吸引力。再次，秉承茶园的功能性原则。观光茶园景观设计不仅要考虑社会效益和生态效益，同时也必须强调茶园景观的经济功能

和经济效益，设计者要对园林景观外形、色彩、文化内涵充分设计，以系统性和联系性景观提升茶园及茶叶产品的品牌知名度，在提升其旅游价值同时也提升茶叶产业的发展。最后，秉承游客参与性和体验性原则。观光茶园园林景观规划设计不仅要让游客欣赏到茶园景观，而且也必须让其参与或体验到茶叶生产过程、茶文化、茶俗活动中，尽可能满足消费者生理和心理的双重需求。

（二）坚持"山水茶园"的园林景观规划布局

观光茶园主要通过自然清新的田园景观、山水格局而备受现代游客的青睐，满足了现代社会回归自然的心理需求。因此观光茶园园林景观设计者要根据茶园选址特点，将自然山水、树林田野，乃至村庄农舍等囊括其中，尊重原有茶园的地形地貌，将茶园整体景观的格局规划设计为山水格局，让游客产生更多归属感和认同感，同时也与我国传统园林景观形成契合。设计者可通过借助地形变化起伏及"筑山""理水"等手法，塑造茶园多层次的园林景观，将山水与茶树景观联系在一起，与此同时，点缀各种传统水谢亭台等建筑景观，将山水、茶树、田园融合在一起，同时设计者要将茶园生产设施、建筑设施、茶园通道等建筑与茶园自然景观相互渗透，实现景观结构与布局的合理美观化效果。除此之外，设计者在茶园景观规划设计中要尊重茶园的历史背景，对具有山水特色的场地元素、人文景观予以保留，同时也可以对茶园原有材料进行合理再利用，赋予传统田园元素新的功能。另外，设计者要充分挖掘茶园茶文化的历史脉络，景观规划设计要凸显农耕文化、茶俗习惯等地域性文化，让山水景观格局成为讲述历史、讲述茶文化的重要元素，提升景观的历史文化内涵。

（三）采用"两段式"园林景观设计手法

观光茶园一般占地面积比较大，土地限制因素较小，因此其园林景观设计规划较为开放自由，设计者必须要注意其空间的科学划分，在茶园景观空间组织上要体现园林景观排列逻辑性，切勿随意散布式的景观序列方式。茶园园林景观的序列展开可运用我国传统园林设计中常见的"两段式"空间景观的序列安排方式，即：序景——起景观——转景——高潮——尾景的序列方式，让园林景观形成有序变化、开合起伏，具有一定层次的序列安排。另外，茶园主体景观主要包括茶园开阔区域茶叶种植生产、茶树栽培园艺、茶叶采摘等，因此在茶园园林景观规划设计时，设计者必须要明确主题景观和主次景观间关系，尽量做到园林景观脉络清晰及层次分明，凸显茶园茶叶主题性景观，同时让其他景观起到烘托或衬托作用。设计者可采用对景、框景和夹景等传统园林设计手法等烘托茶树主景主体地位，同时设计者也可根据茶园园区功能划分，采用漏景和隔景等传统手法，对功能区域景观进行划分，让茶园景观形成较为强烈的空间对比和景观冲击力，凸显不同区域的不同景观需求和文化内涵。

观光茶园景观规划设计集生产性、生态性和文化性为一身，对传统茶文化传承、农业经济多元化发展、生态环境保护具有非常重要的作用。因此，观光茶园景观设计者必须要以茶业生产为主题，秉持"生态、人文、功能、参与"的设计原则，采用传统园林景观设计理念和手法，凸显茶园的自然之美和茶文化的意蕴之美，为茶叶产业发展及农业经济发展奠定基础。

第四节　生态绿道园林景观规划设计

当前我国经济呈飞速发展趋势，人们的经济水平明显提升，也极为重视环境质量，在此背景下生态绿道园林景观规划设计受到人们的广泛重视。生态绿道园林景观规划设计，包括景观布局与设计构思这两个部分。所以本节根据生态绿道园林景观规划设计存在的问题进行分析，并提出具体的解决对策。旨在进一步促进生态绿道园林景观生态规划设计工作的有效开展，贯彻和落实可持续发展观念。

当前城市化进程逐步加快，人们对于居住环境以及环境质量的要求也逐步提高，绿色环保理念成为人们极为重视的理念，所以城市绿道园林景观设计也面临着更多的挑战。在城市建设与发展过程中，生态绿道园林景观规划设计成了分析城市是否可持续发展以及城市管理水平高低的重要标志，所以必须要充分加强园林景观规划设计，进一步发挥生态绿道园林景观，推动城市生态效益有效发展的重要作用。

一、当前我国城市园林景观规划设计存在的问题

（一）整体规划与建设水平滞后

生态绿道园林景观设计过程中，由于受到传统理念的束缚，园林景观设计人员的规划理念与设计思想无法满足现代社会城市化发展需求。由于园林景观的专业水平较低，所以设计方法较为滞后，导致整体的生态绿道园林景观设计水平较低。

（二）景观规划技术陈旧

分析生态绿道园林景观在中国的发展历程能够看出，由于起步较晚，设计与规划技术尚未成熟，甚至当前部分绿道园林景观设计中仍然采用传统的设计技术，所以设计水平停滞不前。园林景观设计技术无法结合绿色环保需求进行有效创新，也难以从本质上提高城市园林景观的整体效果。

（三）景观规划设计与生态环境保护理念不相符

大部分城市并未正确认识到生态绿道景观规划设计的重要性，由于缺乏实践经验以及技术创新，所以难以充分发挥出园林景观设计的重要生态保护效益，部分城市认为景观知识进行观赏，例如植物园和公园等等，却并未考虑到园林景观的重要意义。在生态绿道园林景观设计过程中，过于重视视觉冲击力，却忽略了环境改善的作用，也无法结合城市的风土民情以及自然风貌进行特色化设计，所以失去了园林景观的优势。

二、改善生态绿道园林景观规划设计的具体方法

（一）树立现代化规划设计理念

我们必须要正确认识到生态绿道园林景观设计在促进城市发展进程中的重要作用，通

过规划园林景观，能够有效完善城市发展的各项基础功能，切实提高城市的品牌影响力与核心竞争能力，能够促使城市走向生态绿色的可持续发展轨道上。做好园林景观绿色规划设计，必须要充分重视生态基础设施建设，加强对该项投入力度，能够将生态绿道园林景观设计融入城市生态化发展体系之中，能够在充分发挥生态效益的同时，加强政府的有效宏观调控，通过协同全民参与进一步构建社会主义和谐社会。

（二）遵循生物发展多样性

由于生态绿道园林景观设计中的重要内容便是多样化，且有十分广泛的生态效益基础，所以在生态绿道园林景观规划设计过程中，应当结合实际情况，进一步确保景观与生态保持平衡。在园林景观设计规划中，应当有针对性的选取本地树种，能够因地制宜地进行引入，着重打造具有本土特色的园林景观。切记不要在严寒酷暑进行种植，树木种植之后应当加强管理和维护，才能够进一步提高绿化苗木的成活效率。

（三）充分重视园林规划树木规格选择

分析苗木的规格与效果、成活率等等有着密切的关系，所以在园林规划过程中必须要充分重视树木规格与树种，并且将其融入城市整体生态化体系建设之中。通过确定基调树木规格，由于部分种类较少，但是数量较大，能够形成城市特有的特色与基调，所以在此基础上应当统筹考虑，既要分析眼前利益，也应当考虑到长期利益，在此基础上明确树木规格，进一步加强园林规划。

（四）树立以人为本发展观念

在生态绿道园林景观规划设计过程中，必须要正确认识到生态园林景观规划的最终目的是为人们提供服务。所以必须要树立以人为本的设计观念，能够体现人性化设计理念，充分考虑人的感受，并以此为设计的出发点和落脚点，能够将人本思想贯穿于生态绿道园林景观设计全过程。在设计过程中应当结合人们在不同条件及不同环境下产生的多元感受，体现出更多的特色内涵，能够打造具实用性、观赏性与生态性于一体的园林景观。

综上所述，我们能够看出生态绿道园林景观设计过程中，我们必须要结合我国经济发展实际情况，并且放眼未来。根据当前的园林景观建设情况我们能够看出，虽然发展水平整体不高，但是在未来发展过程中，势必会成为衡量城市环境建设与文明程度的重要指标。所以必须要充分重视园林生态景观，绿色环保规划设计能够有效协同和社会力量进一步促进该项工作有序进行。

第五节　美学原理与园林景观规划设计

在社会经济和科学技术不断发展的过程中，人们的生活水平和质量有了很大提高，在此条件下，人们的精神追求与理解发生了较大变化。这对园林景观规划设计提出了更高要求，促使其进行相应改变和创新，使相关设计人员对园林景观设计的美感更加重视。在本节中，分析了园林景观规划设计中所蕴含的美学原理，并且研究了美学原理在园林景观规划设计中的实际应用。

在园林景观规划设计中，美学原理发挥着非常突出的作用和影响。园林景观的设计需要对每一个感官进行充分调动，要实现园林景观设计的新突破，必须将美学原理和园林景观规划设计相结合。

一、美学原理和园林景观规划设计之间的关系

在目前的园林景观规划设计中，美学原理融入在其中所占的比重越来越大。在美学原理中涉及了比较多园林景观规划设计中所需要的知识。对于通过园林景观规划体现其整齐性和通过植物搭配衬托园林营造整体效果以及实现整体意境美等，都对美学原理的融入有着比较大的需求，通过美学原理的融入对上述内容进行相应体现。正是因为如此，对于美学原理来说，同园林景观规划设计之间的关系是非常密切的，必须将美学原理更好的融入园林景观规划设计中，由此对园林景观规划的高水准进行有效体现。

二、园林景观规划设计中美学原理的体现

在园林景观规划设计中，对对比和衬托手段进行充分应用，这对美学原理进行了有效体现。对比和衬托在园林景观中主要体现在两个方面，其一，从颜色方面对植物进行相应安排和设计；其二，通过对其外观的观察与对照进行安排。该表现形式的特征，一方面是统一的，另一方面又是矛盾的，其主次关系非常鲜明。

呈现出组合美。这种美感所指的是，当处于同一个园林景观里的时候，对多种植物有着重要要求，共同构成一幅画面，并且具备较强的美感。在植物没有较为丰富的时候，其单薄性是比较突出的，当植物太多的时候，又会显得比较杂乱无章，在此情况下对其进行组合，需要保证其科学性与合理性，在对多种植物进行应用的条件下对其进行有序排列，保证其规则性，通过这种状态对组合效果进行呈现。

在园林景观规划设计中对意境美进行相应体现。从园林景观规划设计的角度来说，其有着最高追求，主要是对意境美的追求，并且有其具体表现，主要表现在两个方面，一个是整体环境，另一个是氛围营造。当完成园林景观的设计之后，其主要的作用是为人所观赏，所以，对美感有着比较大的需求。在进行设计的过程中，需要充分应用景物，实现美感的塑造，并且需要对园林设计本身的真情实感进行应用，由此实现对园林的全身心情感的投入。

三、美学原理在园林景观规划设计中的实际应用

充分应用对比衬托原理。在开展园林景观规划设计的过程中，对比衬托这种美学手段的应用频率是比较高的。在对对比衬托手段进行应用的过程中，能够使其作用得到充分发挥，由此完成园林景观中的相关工作，主要包括景物配置的疏密程度等，在开展该项比较的过程中，可以明确园林景观设计的重点，并且体现出主次关系。主次关系主要体现在两

个方面，分别是景物背景、主体关系，可以发挥出重要作用，激发人们的审美情绪。在开展园林景观规划设计的过程中，对多方面的设计都有着较为明确的数据要求，主要包括景物、路面等。将此要求作为重要依据开展对比设计，可以同人们对于审美的要求相符合。

园林景观设计中组合美的应用。在园林景观规划设计中，组合美的应用有其具体的体现，主要体现在通过多种植物进行有机排列，使其组成一幅自然生态图。框景和借景等都是在园林景观设计中经常运用到的手段，由此对美感进行相应体现，通过运用这些手段来分割园林本身，营造出一种步移景异的效果。除此之外，在园林景观之中应该实现借景。

园林景观规划设计中意境美的应用。在园林规划设计之中，要对意境美进行相应体现，需要对园林整体美感进行有效把握，由此实现对园林整体环境的衬托。对于意境美来说，其主要承担对象是欣赏者，因此，需要将相关具体原则作为重要依据，对意境景观进行全面打造。比如，座椅建设有着明确的数据要求，通常情况下，其高度是 38~40cm，宽是 40~45cm，单人座椅的长度是 60cm，双人座椅的长度是 120cm。因此，对意境美的体现，需要将欣赏者欣赏场所的打造作为重要基础。然后，意境美的打造需要进行相应拓展，不能将其局限在某一景物之上，需要明确意境美是需要欣赏者用心感受的。

从园林景观设计者的角度来说，需要对自身的创新意识和创造能力进行有效提升，站在观赏者的角度进行思维创造。园林景观意境美是无形的、无限的，但是又能够让其欣赏者所尽情想象的，对于这些内容，相关园林设计人员需要对其进行全面考虑。因此，要实现意境美的营造，必须对大众的审美理解进行充分考虑，必须对同大众口味相符的景观进行设计。

通过对美学原理和园林景观规划换设计结合的研究发现，对于未来景观设计来说，美学原理和园林景观规划设计的结合在其设计过程中占据着重要位置，是其必要的规律。在将美学原理融入其中之后，能够为原理景观设计提出更多可行性建议，与此同时，能够同人们对于美的追求更好适应，并且与人们不断增长的精神需求和审美水准相符。因此，在园林景观规划设计的过程中，美学原理占据着重要位置，使其指导理论，可以对园林设计行业的发展进行有效推进，在园林景观打造中做出更大贡献。

第六节　园林景观规划设计的发展趋势

随着我国经济的快速发展，城市的建设工作也在紧锣密鼓地进行。其中，城市的园林景观规划设计作为城市环境建设的重要内容，对于促进现代文明城市的发展具有重要作用，不仅可以为城市居民提供良好的生活环境，还可以有效改善城市的生态情况。基于此，通过介绍我国园林景观规划设计的现状，分析我国园林景观规划设计的发展趋势。

广义而言，景观包括视觉上的景色、风景、地理概况等，同时也是人类文化以及精神层面的一种映射。园林景观指的是具体的城市植物等所形成的一系列景致，景观的规划设计需要综合考虑社会环境、自然环境以及人文环境，园林景观的规划设计自然也不例外。我国经济的快速发展不断加快城市化的进程，同时快速发展的城市也出现了一系列的问题，如热岛效应、城市内涝、交通问题以及人口问题等。因此在城市不断发展的过程中，人们也不断重视对园林的建设，这在一定程度上促进园林景观设计的发展。分析城市的具体环境，采用合理科学的规划设计对于提高城市的综合面貌具有重要作用。

一、园林景观规划设计现状

我国的园林城市建设还在初始阶段，城市的快速发展中，相关部门对园林建设的发展有所忽视，导致当前的园林景观规划设计出现一些不和谐问题。主要表现在两个方面：第一，照抄优秀的园林景观规划设计，并没有根据当地的具体情况设计更具有地域特色的景观；第二，相关部门的审核标准过于死板，降低了园林设计的多样性特点，使设计过于乏味。

（一）忽视园林景观建设的地域性

当前，在我国城市的景观设计或是地产景观设计中，盲目照抄国内外优秀园林设计的情况比比皆是。在设计过程中，对当地的地域特色以及景色的调整不加分析就拿来使用，最终出现的雷同现象过于严重，无论是在风格上还是自然环境上相对于原设计都表现出巨大的拙劣。同时由于设计的突兀，导致后期的维护费用增加。

（二）标准化和批量生产使园林景观产品失去个性化

园林景观规划设计也是景观设计的一种，是一种重要的艺术。对艺术设定一定的标准本身就是对艺术的扼杀，艺术是自由的、多样的、个性的。标准化的景观设计只能在成本上得到很好的控制，但舍弃了艺术本身的价值，这也是造成众多园林设计出现千篇一律的重要原因。

二、园林景观规划设计的发展趋势

尽管我国的园林景观设计依然存在一定问题，跟国外的设计还有一定的差距，但随着相关部门对城市园林景观规划设计的不断重视，我国的园林景观规划设计也呈现出一定的新趋势，这些趋势有：更加重视地域特色、控制经济成本的同时使用多样化的设计、注重人文和生态环境、重视我国特色的传统文化传承等。

（一）设计时挖掘地域特色

我国的国土资源丰富、地大物博、幅员辽阔，同时也兼具不同的气候。由于地域以及自然环境的差异导致不同的地域呈现不同的审美以及自然景观。因此在不同的地域规划设计园林景观时，应对当地的审美、自然景观、气候做出一定的分析研究，并且在设计中坚持就地取材、保持园林景观设计中的天然性原则。借鉴优秀的园林景观无可厚非，但务必要深入地分析所处的环境以及设计的要求与作用，保证园林景观设计的科学合理性以及可观赏性。最终设计出的园林景观应是在优秀园林设计上的一种创新，同时根据当地的天然景观进行一定的粗加工，充分利用当地的自然资源，同时加入一定的创新元素，保证景观具有鲜明的地域特色。

（二）运用经济性和多样性设计

园林景观规划设计本身也是一种艺术，艺术本身就具有一定的差异性，同时具有多样性的特点，这也与人们经济生活水平的不断提高有关，尤其随着相关技术不断推进，也应不断向国外的设计学习。园林景观规划设计势必会走向多元化、复杂化以及多样化的特点。另外多样化发展的同时也不断使相关的设计人员重视对经济成本的考虑，因此成本也是城市园林景观规划设计的一个重要参考指标。设计工作人员应深入研究设计位置的具体要求以及功能，保证艺术品质的同时控制成本，不能盲目追求奢华，同时后期对园林景观的维护工作也是设计工程中需考虑的重要方面。

（三）注重城市人文景观的历史文化传承

城市文化不同城市区分的重要方面，因此城市园林景观设计的过程中应注重对城市历史文化的传承。在传统优秀文化的继承基础上还应有所创新，将古文化与现代文化融合，更好地体现城市的文化特色以及发展近况。这些规划设计可以包含在城市的生活、学习、娱乐以及交通等方面，通过对原有文化景观的整合，通过添加一定的人工后期建筑，增加城市景观的可观赏性。并合理地将人工景观和天然景观配比，体现与传承城市的文化元素。

（四）园林景观的人性化设计

城市建设的主体是城市，城市中最重要的元素就是人，因此所有的建设都应该更好地满足人类的需求。因此，将人性化作为重要的标准加入城市园林景观的设计中也是一项重要的工作，通过结合自然景观以及人工景观与人类的要求，最终设计出满足人类需求的可观赏性景观，提高人们的城市生活质量。在专业上，设计人员应将整个设计与现代美学、现代心理学、行为学等学科紧密结合，保证景观的规划设计具有更强的生命力。

（五）把握自然规律，重视生态环境平衡

人类的发展必须符合自然规律才能实现可持续性发展，城市园林景观的规划设计也不例外。优秀的园林设计工作人员在规划设计园林景观之前，会对当地的自然规律以及生态情况进行一定的研究，将绿色环保的理念渗入到园林设计，最终完成具有生态内涵的完美设计。简单来说，园林景观的人为设计其实就是一种模拟的自然环境，但这个小的自然环境中会有很多来自自然界的生物，因此也必须保持一定的生态平衡才能实现长久发展存在。尊重生态不仅要体现在自然界的景观来源上，还要重视人的作用。人首先是具备自然属性，其次才是社会属性，但快节奏的生活使人们越来越重视社会属性，因此通过优秀的园林景观设计也是人类本身的一种自然属性的回归。尊重生态、保护生态的平衡，使人可以和自然更好地相处也是城市园林景观设计中的重要方面。通过节约原材料、减少加工，尽可能使用天然的材料，同时通过合理性设计将所用的自然原材料组合摆放，这种设计就是符合自然规律的园林设计，在降低成本的同时还能够保留天然的一种美。

（六）营造纯净空间，注重植物造景

园林造景是人为增加地域景观的一种方式，也是园林景观设计中常用的一种方式。乔灌草的设计是传统人为造景的手段，将这种设计加入园林景观的设计中，可以在保证平衡自然的基础上增加额外的景观，提高可观赏性。但随着相关园林设计的进行，这种设计也出现了一定的问题，表现在对原有景观添加的基础上，对空间的层次性造成了一定程度的破坏。在现在的园林艺术规划设计中，更重视对原有景观的保护，通过细微的改动以及点缀起到锦上添花的作用，更好地保证原有生态的平衡，降低对空间层次的破坏程度，保留最天然的美。因此，现在园林设计将不断突破原有的乔灌草的方式，取而代之的是简洁的植物造景，高效率地利用空间环境。

经济发展带动城市建设，作为城市建设中的重要内容，园林景观设计研究对于提高城市面貌以及文化建设都具有重要意义。打造精致的城市园林景观规划设计需要分析现有的问题，同时重视规划设计中的重要生态性、文化性以及地域性等原则。提高对园林工作者的培养工作，必要时要加强对国外优秀园林设计的借鉴和学习。相信在不久的将来，符合生态发展、体现人文地域文化、具有特色的园林景观设计会不断出现在我国的各个角落，促进我国的城市建设。

第七节 园林景观规划设计中地形的合理利用

在当代的社会建设中，园林规划设计是一项重点内容，其设计效果影响着社会建设的美学效果，从而有利于满足人们对高品质生活质量与精神享受的需求。因此，园林设计人员必须不断提高园林景观的设计水平，而地形的合理利用则是基础工作。本节将浅谈地形在园林景观设计中的合理应用。

在园林景观规划设计中，涉及诸多元素的利用，如地形、植被、建筑、道路、景石、附属景观等，其中地形的合理利用与否直接关系到园林景观的整体规划设计效果。设计者利用不同的地形规划园林的空间布局，满足园林整体景观设计对协调性、艺术性与美的要求。

一、园林景观规划设计中地形的作用

（一）骨架作用

地形作为园林景观设计中最基础的部分，为其他景观的设计提供依托与背景，所以地形对园林景观来说是骨架，影响着整体的构造效果。在设计过程中，会利用到当地自然地形，尽量保证园林景观的自然性。同时，也会根据具体的需求塑造新的骨架，提高设计的整体效果，合理发挥其骨架作用。

（二）空间构造作用

利用地形的大小、形状、高低起伏等起到切割整体景观的作用。一方面，利用地形的多样性构造不同的景观，可有效增加园林景观的丰富性；另一方面，利用地形不同的高低起伏幅度，将园林划分为不同的空间，达到切割空间的目的，有利于增加园林空间的层次性。在依据地形进行空间设计时，要保证整体效果、符合时代发展的自然规律，凸显当地的地域特色。

（三）景观作用

地形在园林景观设计中的景观作用有两种：①为园林景观提供整体背影景观的作用，利用地形为其他每个可独立存在的景观提供背景依托。②自身的景观作用，通过组合应有不同的地形，达到不同的景观效果。园林景观的空间设计也是园林的一项景观，而地形刚好具备分隔空间的作用，因此，地形也具备景观作用。

（四）环境作用

地形的相应改造有利于促进局部环境的改变。通过改变局部地形有利于净化当地的空气，改善当地的水土条件，同时，有利于改善周围的采光、通风等情况。在依据地形选择合适的植被时，有助于增加植被选择多样性，起到改善环境的作用。

二、园林景观规划设计中地形利用原则

（一）因地制宜原则

因地制宜的原则，要求设计人员根据当地的自然地势开展各项工作，以自然地形为基础。这一原则最常规的应用方法就是依高堆山、依低挖湖或在原有的基础上平整地势。合理应用原有地形，科学合理地规划设计地形，既提高了园林整体景观的协调性，也降低了园林建造的经济成本。

（二）协调性原则

协调性原则是在进行地形设计的同时，考虑到与其他景观的协调性，地形的种类虽多，但地形无论高低起伏其整体连续。不同地区景观的建造具有较强的独立性与随机性，导致整体景观失调，从而降低景观规划设计的最终结果。因此，为提高地形利用的协调性，必须考虑地形与其他景观之间的关系，促进彼此间的协调发展。地形与园林道路设计间的关系要求道路必须依据地形设计，保证园路的蜿蜒盘旋以营造峰回路转的意境。地形与建筑的关系应保证建筑既不破坏当地的整体地形，又可协调全园的景观。通常依托地势设置建筑的位置都会保证远看时有若隐若现的感觉。地形与植被的关系影响着植被的选择，根据地形的高度与采光性，选择合适的植被种类，营造出自然的感觉。地形与景石的关系，在合适的位置放置景石以达到点缀景观的作用。地形与水景的关系，依据地势建设水景，如依低挖湖、建设喷泉等。山水相依是园林景观设计的重点内容，便于增加景观协调性。地形与附属景观的关系，如依据地形走势构建出相应的图案，如许多园林利用走势与灯光的配合勾勒出龙或凤的图形。

（三）艺术性原则

艺术性原则是要求在园林景观规划设计时，注意设计的艺术效果。首先，从整体上来看，必须保证依托地势建立的景观具有一定的规则性，如植被的种植由低到高，植被种植密度与种植方式的选择，通常采用不对称原则，以保证园林景观具有极强的自然性。其次，要注意保证植物四季交替影响下植物的选择与更换，以保证景物的丰富性。最后，在考虑整体地势及环境的基础上选择不同颜色、气味等植被进行组合应用，以提高设计效果的艺术性。

三、园林景观规划设计中地形类型及合理利用方式

（一）平地

即坡度较缓的地形，这种地形可给人一种开阔、自由的感觉。同时平地的应用较多，可对其进行各种科学合理的改造，且平地的施工成本较低、工期较快，进而有利于节约成本。同时平地在园林景观中的应用有利于为游览者提供多种活动的举办场所，为其带来更多的便利。

（二）坡地

利用坡地可适当增加园林景观的层次感，利于对园林景观进行空间化的规划设计。首先，利用坡地可增加凉亭等建筑的设计。其次，利用地形的高低变化增加道路蜿蜒起伏的设计感。还可以利用地形的坡度变化对所选的植物进行相应的组合设计，以达到不同的艺术效果，进而提高设计美感。

（三）塑造地形

塑造地形的好处。塑造地形除了具备原有地形合理利用的好处外，对其优点有一定的优化作用，同时还具备自身的优点。在园林景观的规划设计中塑造地形，有利于通过塑造原有地形，使其更符合园林设计的效果要求，有利于进一步提升园林景观协调性。同时，通过塑造地形有利于更好地规划园林的空间，增强园林的空间感、层次感。此外，通过塑造地形可在原本的地形上进行相反的效果设计，增加园林设计的突兀性，以达到不一样的艺术效果。

对地形以不同的手法进行塑造，也可达到不一样的设计效果。如采用细腻的塑造手法，可突出地势塑造真实性，给人以身临其境的感觉。如对山林、湖泊的塑造，使其设计的结果更精细，给人一种山水精华浓缩于此的感觉。另外，还可用较为粗犷的方式塑造地形，以达到意象神似而形不似的艺术效果。

类型及应用。塑造地形可分为以下三类，其应用也各不相同：一是自然式，主要有土丘式与沟壑式。土丘式高度多为4m，坡度在10%，多用于大面积园林中。在塑造的同时要注意高度与坡面的关系，以避免滑坡等现象的发生。沟壑式高度多为10m，坡度在14%，多用于假山建设。二是规则式，主要有平面式、斜坡式等。平面式是园林绿化中最常见的一种塑造地形的方式，这种方式就是平整绿化用地，保证绿化工作从设计到施工再

到养护的各项工作都能顺利进行。斜坡式是在原有的地形基础上增加坡度，以达到设计的目的。三是特殊条件下的塑造方式即沉床式。这种沉床式塑造地形的方法就是降低原有地形的高度，避免影响周围的建筑。这种塑造地形的方式多用于立地条件较特殊的园林建造中，或用于城市中交通发达地区的大型园林绿化中，使园林绿化的地形符合交通建设的需求。

地形的利用是否合理影响着园林整体规划效果，在园林景观规划设计过程中，必须依据当地原有的地形进行相应的规划利用，使其保证设计的整体性与协调性。同时在地形利用与塑造的过程中必须遵循相应的原则，合理利用地形，提升园林景观艺术感。

第八节　基于雾霾视角下园林景观规划设计

介绍了雾霾的定义、形成原因及危害性，分析了园林植物对雾霾的作用机理，并从增加城市绿地面积、植物种类选择、植物配置等角度，阐述了针对雾霾的园林景观规划设计要点，为治理雾霾环境提供了途径。

近年来，随着经济的发展，重工业生产导致全国范围内各大城市雾霾天气频发，园林中的植物是城市环境主体，在园林景观规划设计中合理利用植物可起到一定的消霾作用。

一、雾霾概述

（一）雾霾的定义

雾霾由雾和霾两种天气混合形成。雾是大量水蒸气散布在空气中导致视程在 1km 之内的大气浑浊现象。霾是大量大气颗粒物散布在空气中造成视程在 10km 之内的大气混浊现象。

（二）雾霾的形成原因

雾霾形成的最主要原因是大气中的 PM 2.5 含量过高。其源头主要包括汽车尾气、建筑扬尘、工业废气、垃圾焚烧等等，雾霾主要由二氧化硫、氮氧化合物和可吸入颗粒物等 3 项组成，当空气中的污染物长期处于静态时，与雾气结合在一起，使得大气的透明度降低，让天空瞬间变得阴沉灰暗，形成雾霾天气。雾霾天气一般集中在当年的 10 月份至翌年的 3 月份。

（三）雾霾的危害

雾霾中的大气颗粒物对人体呼吸系统和心血管系统等具有极大的影响，雾霾使得近地层紫外线辐射衰减，严重影响人们的健康和户外活动。除此之外，雾霾天气导致能见度降低，影响日常生活。

二、植物对雾霾的作用机理

园林植物可以有效地阻滞粉尘，吸收转化空气中的有害物质，园林植物利用其自身的特点可以有效地减轻雾霾天气，改善空气质量与生态环境。其自身的特点主要为以下几点：

（一）园林植物光合作用

植物具有光合作用，可以吸收大气中的二氧化碳释放氧气，平衡空气中二氧化碳和氧气的浓度。随着经济的发展，城市人口和工业越来越密集，导致二氧化碳的含量较高，二氧化碳的浓度过高将会对人体产生一定的危害，植物的光合作用可以将大气中的二氧化碳转化为氧气，增加了空气中的氧气，从而保持了空气的清新度。相比较而言，在相同的环境下常绿阔叶林释放氧气量比较多。在景观规划设计中应该结合当地的环境、地理位置、气候合理的选择园林植物，合理的搭配可以达到更好的效果。

（二）园林植物蒸腾作用

植物除了光合作用外，还具有蒸腾作用，植物的蒸腾作用除了满足自身的需求外，还可以为大气提供大量的水蒸气，进而调节大气的湿度，使当地的空气保持湿润，当空气中的湿度达到一定的程度时可以使大气中的颗粒物凝结，从而减少大气中颗粒物的含量，达到减少雾霾天气发生的效果。同时植物的蒸腾作用可以促进大气中水汽的循环速度，调节降雨量，让当地的雨水充沛，将大气中的颗粒物冲洗干净，植物的蒸腾作用使大气中颗粒物凝结随着雨水进入土壤，减少了空气中颗粒物的含量。在一定的区域范围内，合理的配置植物，可以形成良好的小气候，利用植物的蒸腾作用可以净化周围的空气，形成良性循环。

（三）园林植物叶片的吸附作用

园林中的植物形态各异，其吸附功能主要体现在植物的叶片上，植物粗糙的表面积可以有效地吸附滞留大气中的颗粒物，植物的叶片表面具有气孔、突起等结构，使得叶片的粗糙度增加，使得叶的表面积增加，加强植物叶片的吸附能力，不同的植物其吸附能力不同，研究表明叶表面越粗糙，其滞尘能力越强。园林植物吸附滞留大气中的颗粒物，滞留在叶片上的颗粒物通过降雨等使得叶表面的颗粒物进入土壤从而得到固定，降低空气中颗粒物的含量，在污染严重的区域可以通过合理的种植园林植物以及植物搭配，将雾霾程度降低。

（四）园林植物吸收转化有害物质的功能

除此之外，园林植物还具有吸收和转化大气和土壤中有害物质的功能，不同的植物对于有害物质的吸收和转化具有不同的功效。如悬铃木、垂柳、银杏、柳杉、红豆树等树木都有较强的吸收二氧化硫的能力。因此，可以在工业技术开发区、园林公园及公路两侧大量种植能够有效吸收大气中二氧化硫的植物。

（五）园林植物的黏附作用

根据研究表明，园林植物中部分植物的叶、枝、花等会分泌树脂、黏液，分泌的这些物质对于空气中的颗粒物具有很好的黏附作用，叶表面和树干可以分泌黏液或油脂等物质的植物对颗粒物的滞留作用比较强。

三、针对雾霾的园林景观规划设计要点

二氧化硫、氮氧化合物、颗粒是雾霾的主要成分，植物的叶片可以吸附大气中的颗粒物，园林植物通过吸收降解、转化或者同化作用将大气中的污染物二氧化硫、氮氧化合物等进行消除。园林植物对于消除雾霾具有一定的作用，但是不同的树种在减少雾霾污染物上具有一定的差异，因此在城市绿化中，通过合理的配置园林植物才能达到消除雾霾的最佳效果。

（一）增加城市绿地面积

植物对于消霾具有一定的作用，其前提是达到一定的绿地率，英国在出现"工业烟雾"后重视植物环境绿化。英国的国土面积虽小，但森林覆盖率超过11%，在众多政策的支持下，英国人均拥有森林面积达到$0.04hm^2$，即使在人口密集的伦敦地区人均绿化面积也比较高，实践证明，只有达到一定的城市绿化率，植物消霾才可以达到一定的效果。

（二）针对性地选择植物种类

树种吸收有害物质跟其树冠形状、个体大小、叶片形状等有密切的关系，相比较而言，常绿树比落叶树在冬季频发的雾霾天气更能较好地发挥作用；枝叶密集、叶片粗糙的对大气中的颗粒吸附能力更强，例如侧柏、圆柏等其叶表面具有凸起的沟槽，可以牢固的吸附大量的颗粒物；不同植物对于有害气体和物质的抗性不同，在二氧化硫污染严重的地方，可以选择性的种植银杏、月季、小龙柏等植物，在铅污染严重的地方，可以选择种植扶芳藤、七叶树、北海道黄杨等植物。此外，值得注意的是，部分植物释放出的物质可以与大气中的有害物质发生化学反应产生有害物质，是雾霾污染物的成分之一，因此在种植的时候应该避免种植此类树种。

植物种植规划设计时在满足园林景观规划设计要求的前提下，根据具体所处的环境状况有针对性地进行植物种类选择和搭配。在美化环境的同时尽量选择对改善雾霾天气作用较大的植物进行合理的配置，以期达到较好的效果。

（三）植物配置层次多样化

园林植物不论是乔灌草不同的植物个体，还是个体间不同的植物对于雾霾的消除能力存在着较大的差异性，总体来说消除雾霾的能力乔木大于灌木大于草本植物。虽然目前植物对雾霾的作用还没有一致的结论，但是普遍认为，乔灌草型的群落模式对于消霾作用最强。因此在选好植物材料的基础上，植物的配置应尽量打造乔灌草多层次的景观结构。乔木可以有效地降低风速，阻滞高空中的颗粒；灌木可以吸附低空处的扬尘，乔灌草的合理搭配可以吸附不同高度空气中的颗粒物，可以最大效率的降低空气中的 PM 2.5 含量，从而可以达到较好的效果。此外良好的设计可以形成通风廊道，这样可以促进城市中空气的流动，从而减少雾霾天气的发生，在规划设计时，应保证道路防护林具有有效的宽度，使得廊道对 PM 2.5 的吸附达到最好的效果。

雾霾天气的出现导致大气可见度降低，空气中的颗粒物严重超标，严重影响到了群众

的生活，对群众的身心都产生了巨大的压力。雾霾的治理是一个长期的过程，需要政治、经济、社会群众的共同努力，园林植物是改善雾霾天气的手段之一，虽然园林植物的景观规划设计不可以根除雾霾，但也不失为一种改善雾霾天气的有效途径，合理的利用植物景观规划设计可以有效地改善环境，为群众打造出一片蓝天。

第九节　基于生活休闲视角的园林景观规划设计

园林景观的重难点在于如何将其作为一种艺术景观与园林景观融为一体？并将其与园林游客的需求结合在一起，让游客可以在其中进行休闲活动。基于此，从生活休闲角度出发，提出合理规划休闲区功能布置、合理设置休闲区域景观、因地制宜地设置休闲景观、提升园林景观所展现的生活休闲功能，探究并总结园林景观规划设计要点，为后续园林景观规划提供参考。

园林是一种休闲娱乐场所，其主要功能是为人们提供休闲娱乐。在新时代，人们的物质需求已得到极大的满足，在此基础上如何设计出符合人们休闲生活的园林景观便成为园林设计发展的重点。在园林规划时需要从民众需求入手，设计具有休闲作用的园林景观，陶冶游客的身心，为游客提供休闲场所，提升城市居民生活质量。

一、园林景观设计中存在的问题

（一）布局设计不合理

当前园林景观在设计过程中并未考虑其组成部分的布局，园林景观存在多种布局，每种布局均存在其独特的优势。而当前大多数园林景观在设计过程中并未考虑到其自身布局的合理性，在功能区划分上也存在一定问题，导致在实际设计过程中经常出现功能区无法有效衔接、各功能区相互独立无法发挥出园林整体功能的情况，由此导致设计出的结果无法满足实际需求，不利于游客展开休闲活动。

（二）休闲场所景观不合理

一些园林景观在设计过程中已将休闲景观作为其中一种功能区域在整个园林规划中设计出来，但并未注重对其景观的设置。尤其在设计过程中忽视人们对景观的需求，未考虑景观在休闲环境中发挥的作用，由此导致园林休闲区的景观设置不合理，一些园林休闲区甚至并未设置景观，仅将其某一区域刻意命名为休闲区。该种做法极不合理，无法发挥出休闲景观的实际休闲效果，且在实际分析中不难发现，当前大多数园林并未将休闲景观规划作为一种基本设计理念。

（三）生活休闲景观自然性不足

从自然角度来看，其地形存在多种形式，因此，在园林规划过程中需要结合园林规划的实际情况，选择因地制宜的方式。在园林规划过程中采用因地制宜思想，不仅能避免提高建造成本，还可营造良好的自然风景，让人们在园林中体会到大自然的感觉。而当前大多数园林在实际设计中并未遵循以上设计理念，不计成本地引进新景观，破坏原有景观，不仅导致新的景观与园林整体布局格格不入，还带来一些生态问题，导致原有园林生态被破坏。

（四）缺乏个性设计

好的园林景观设计应是以人为本，在满足大众休闲需求的基础上再进行个性化设计，然而大多数的景观园林设计只是单纯地照搬其他景区设计，从而出现很多雷同的景观园林，缺乏个性。同时，有些城市在进行景观园林设计时没有根据当地的实际情况与功能用途去设计不同的方案，而是采用生搬硬套的方法，不仅没有满足人们对景观园林的需求，还造成大量的景观浪费，使园林景观没有与人们的需求很好地结合。

二、基于生活休闲视角的园林景观规划设计策略

（一）合理规划休闲区功能布置

在园林景观设计前，首先应科学合理地规划，根据景区不同的特点来划分各个功能区，合理的规划能使园林景区最大化地发挥其功能，给人们提供舒适、方便、自然的休闲环境。景点的分布要充分考虑游客聚集和分散的情况，做到聚散有致。其次，园林整体要主次分明，在空间排序中能够理清主从关系和各景观的特征。再次，要遵循顺应自然的原则，规划要与周围的自然环境、山水、土地等进行组合。主道步行路直接贯穿园林出入口，两旁分别设置绿地区、运动区、水景区、游憩区等，游客可以根据自身不同需求选择所活动区域。这样规划设计的优势在于园林布置清晰、功能划分全面，为游客打造出自然舒适方便的休闲景区。

合理设置休闲区域景观休闲区域景观是体现该区域功能的重要载体，游客可通过生活休闲区获得相应的观景体验。在实际设计中需要合理设置休闲区域景观，首先需要针对设计需求设定相应景观，结合人们的身心需求，例如，在运动休闲区则设置一些较为阳光奔放的植物，使在此区域运动的人更加与景观所融合充满朝气活力，而坐一旁休息观赏的人在这样的环境氛围中也能被运动者的激情所感染。在步行休闲区则设置一些花草景观，并以曲折道路为主，通过与道路两旁花草景观的结合，变现出步移景异的特点，使人们在散步时尽情感受花草的芬芳，让步行不再枯燥乏味。

（二）因地制宜地设置休闲景观

在休闲景观设计过程中，需要采用因地制宜的设计方针。首先要全面地了解和掌控当地的地形地貌，避免大面积地改造当地的整体地形格局。在植物种类上要合理选配，首选本地植物或在原有基础上对植被进行修缮，以提高植物的成活率。若景观区土坡较多，可先用绿草铺设装饰裸露的土坡，再利用原有坡度设计成 S 型环绕而下，或直接修成阶梯式台阶；若景观区有自然流淌的湖泊或河流，则可以利用流动的水域设计小瀑布或者设计钓鱼区、划船区、游泳区等，丰富人们的休闲娱乐项目，充分与大自然亲密接触。

（三）突出个性化设计，注重以人为本

在园林景观个性化设计时，要尽可能设计出符合各类人群的需求空间，创造出人们能与园林亲密接触的环境。在实际设计过程中，要积极的树立以人为本的观念，设身处地地为老人和儿童着想，比如，可以在园林宽阔平坦区域为儿童提供活动娱乐场所，以培养儿童的合作与冒险精神；在园林建设混凝土建筑物时，做好用竹、茅草等进行装饰和覆盖，体现出个性自然的情境。总之，在突出个性设计的同时，要不忘打造基于生活休闲方面的景观园林，最大限度地满足不同人的需求，发挥出景观园林的真正效益。

从生活休闲角度进行园林景观设计是一种符合人们需求的设计方法，通过该方法可设计出满足人们精神需求的园林景观，本节从合理规划休闲区功能布置、合理设置休闲区域景观、因地制宜地设置休闲景观、突出个性化设计，注重以人为本几个方面进行分析，提出优化园林休闲景观的策略，未来园林景观设计必将以满足人们休闲需求为主。

第六章

园林景观规划与设计的基本因素

第一节 园林景观规划设计要点分析

通过科学合理的园林景观规划设计，可以有效地改善城市生态环境质量、美化环境，为城市居民提供休闲游憩的空间。在园林景观规划设计过程中，需要以地域性、以人为本及人与自然和谐统一为具体的设计原则，打造出独特的地域风貌，并协调好人与自然的关系，从而将现代园林景观以美的形态展现在人们面前。

一、城市生态环境与园林景观规划设计相互作用

放眼宏观视野，从发展的眼光在城市大规划战略中，充分彰显城市的文化内涵、改善城市生态环境，现代园林景观规划设计将发挥尤为重要的作用。因此，在园林景观规划设计过程中需要加入现代化理念，充分发挥园林景观规划与生态环境有效结合，在设计理念上注重景观的实用性和美观性，同时还要通过科学选择树种、花卉对城市生态环境的影响来实现对城市生态建设的有效保护。在实际规划设计过程中，尽可能地使用原有树木、花草和石头等资源，再相应的加入一些元素，因地制宜的进行景观设计。同时所选植物尽量选择本土植物，不仅有利于促进城市生态环境的健康发展，而且对城市生态平衡也具有重要的作用。

二、现代园林景观建筑小品的规划设计

园林中的建筑小品以亭、台、楼、榭等为主，主要供游人休息游玩。对于这些建筑小品进行规划设计时，需要做到因地制宜，使其要充分的融入周围环境中去。因此，需要基于当地环境气候特点来进行建筑小品设计，并使其总体结构依形就势，充分的利用自然环境的地况。建筑小品在规划设计时空间结构和布局要力求活泼，合理安排建筑空间结构及组织观景路线。在内外空间过渡之处，需要做好明暗、虚实处理，自然与人工需要合理过渡。

三、现代园林景观中的生态绿道规划设计

在现代园林景观中进行生态绿道设计需要与当地的地貌特征及道路规划布局、自然及人文特点相结合，全面了解这些因素，并与城市居民的实际需求作为出发点，遵循"以人为本"的设计原则。可以利用绿化带来隔离出部分人行路，并在道路上增加休息设施和服务设施，利用花草树木的形式来对道路小品、标志及创意造型进行布置，在生态绿

道规划设计过程中更多体现人文原则及多样化特点，不仅可以做到美化环境，同时还能够增加现代园林景观的趣味性。另外，在现代园林景观中的园路铺装设计时，需要考虑到路面质感、路面色彩、路面纹理及路面尺度等因素，选择质地优良细质的材料，路面色彩要与景观协调一致，路面铺装时组成的线条和尺寸设计要体现出功能与美观性的和谐统一。

四、园林植物合理配置，提高植物绿量

在园林植物配置过程中，需要使植物能够随着季节变化而表现出不同的季节特征，随着季节变化园林中的植物色调也循环交替。在具体规划设计时，要求设计者要根据大自然的特征及植物的变化规律，合理进行植物配置，以此来确保生命的不断延续，使园林能够时刻充满生机。在园林空间安排上，植物摆放要能够将园林的整体美观更好地体现出来。由于园林植物绿量直接关系到整个城市的环境质量，特别是在当前城市人均绿地指标相对较低的情况下，需要利用较少的绿地，在植物景观中通过增加更多的绿量来增加光合作用，达到净化空气的目的。因此，植物配置时需要增加乔灌木丛及林荫树，同时还要使绿色向立体化扩展，构建多景观的绿色体系。而且在植物景观规划设计过程中，还需要考虑到生物物种的多样性，通过多品种的组合，形成不同类型植物的优缺点互补，提高园林的覆盖率，最大限度地增加园林中的植物绿量。

五、科学规划，体现水景的设计的美感效果

在园林水景规划设计中，一定要科学规划，统筹考虑、重点分析和研究水景的特性，然后根据其特性，科学、合理、艺术地利用水景元素，通过对空间的组织、建筑的造型、植物的布局等进行协调、统一，呈现景观的变化，达到移步换景的效果。水景设计要根据水景的种类特点进行，有静水、有动水、有落水、有喷水等多种类型的变化。静水宁静、轻松而且平和，而动水则活泼、激越、动感。在水景的设计中，可以根据其环境条件，或就地利用、或人工建造、或静或动、或静动结合，体现动态的变化。静水的应用体现在湖泊、水池和水塘等形式上，而动水一般以溪流、水道、水涧、瀑布、水帘、壁泉以及喷涌的喷泉等形式呈现。可因地制宜进行天然或人工的水景设计，天然水景讲求借景，以观赏为主，现代设计中，人们越来越易于接受自然的事物，所以在人工水景的设计建设时，一定要与周边环境自然融合，不宜过多的显露出人造痕迹，这样才能更好地将水景的美感呈现出来。

在当前园林景观规划设计过程中，设计人员需要通过具体的规划设计来改善人们的居住环境，为市民提供一个整洁、健康环境。因此，在实际规划设计时，需要与城市的特点相结合，以整个城市作为载体来合理对现代园林景观进行规划设计，实现对城市生态环境的改善和美化，从而为人们提供一个舒适的休闲、娱乐、健身的场所。

第二节 园林景观规划设计与地域文化

现代园林景观设计规划与地域文化之间的关联是非常紧密的，这主要是由于园林景观规划设计必须结合当地气候条件、人文特色，并具有相应区域的时代感，总体来说现代园林景观的规划设计就是感受当地气候、历史、文化的过程。本节通过对地域文化的概念、内容进行阐述，分析了园林景观规划设计与地域文化相结合的重要性以及现代园林景观设计规划过程中存在的影响因素，阐述了园林景观规划设计工作与相应的地域文化之间的关联性，对园林规划设计中地域文化特性存在的影响进行分析。

城市建设过程中，现代园林景观的规划设计是重要的组成部分，一定程度上来说，现代园林景观是城市结构中不可缺少的一环，其在促进城市生态环境建设，保持生态平衡的问题上发挥着非常重要的作用。而由于各个地区的自然、历史条件的差异，造就了不同的地域文化，在城市园林景观规划设计过程中，需要基于各个地域的特征和文化来进行规划设计，才能反映各个地域的人文、历史、社会、自然等特色。

一、地域文化概述

（一）地域文化的概念

一般来说，地域文化是特定区域独具特色，经过长久流传，传承至今仍旧在发挥作用的文化传统，主要表现为特定区域的民俗生态和传统习惯等。其在一定范围中与实际环境是相互融合的，因此，很容易被打上地域的烙印。地域文化的形成是一个长期的过程，一定阶段内是相对稳定的，但是整体来看又是不断发展、变化的。

（二）地域文化的内容

地域文化是人类在历史发展期间，在地理环境的基础上，通过人为活动累积而形成具有地域特色的文化环境。地域文化是一个内涵丰富的概念，其中就包含了园林景观规划设计过程中需要关注的内容。不同的地域，在发展过程中会产生不同的历史。在各类历史背景下了解地域文化特征，对地域发展线索进行梳理，了解人文特征的形成与变化，使现代园林景观建设能够与历史、人文资源进行有效的融合，将各个地区的民俗风情、人文信仰融入其中，不仅利于现代园林景观能够被人接受，同时还能从显性方面体现和传承地域文化要素。

（三）园林景观规划设计与地域文化相结合的重要性

由于各个地域的自然条件、文化特征各不相同，各个区域对于现代园林景观的认识存在较大差异。由于受到地域文化的影响，形成适应当地自然、人文特色的景观风格。世界上存在欧洲园林、伊斯兰园林、中国园林这三大现代园林景观体系，其中欧洲园林以规则式、恢宏的形式居多，体现一种庄重典雅的气势；伊斯兰园林以十字形庭院、封闭式建筑形式去适应干旱气候的园林形态；中国园林在中华地域文化的熏陶下，本着源于自然、高于自然的有机融合，在园林中赋予美好的诗情画意，融合深邃高雅的意境，体现了中华民族的追求。

二、影响现代园林景观设计规划的因素

（一）地理气候

不同地域的地理气候会出现不同的植被类型，现代园林景观的绿化设计会受当地植被体系影响，必须选择能够适应当地气候类型的植物进行种植，并且现代园林景观建筑的风格会受到地域文化和地理气候的影响。

（二）地形环境

现代园林景观中的地形是连续的，各个区域的景观虽然会有所分隔，但都是相互联系、相互影响的。因此，园林景观规划设计过程中要关注各个区域的地形规划，保证满足园林工程建设的技术要求，还要与周边人文环境融为一体，确保达到良好的自然过渡效果。

（三）精神追求

现代园林景观的规划设计受人们的精神追求影响，这主要受地域精神文化、宗教信仰、艺术浪漫等多种因素影响。最初的田园生活给现代园林景观赋予了一定的精神寄托，将文学艺术中的各种因素与现代园林景观进行结合，这种思想对现代园林景观起到了良好的推动作用。但是当前城市建设发展使得更多的人缺少亲近自然的机会，人们渴望亲近自然，需要通过相应的景观来满足人们的精神追求，因此，园林景观规划设计过程中要注重与这部分内容的结合。

三、园林景观规划设计分析

（一）根据施工环境因地制宜

园林景观规划设计期间需要将现代园林景观中的内容、形式进行有效结合。首先，要确定现代园林景观的基本功能、性质，并在此基础上选择相应的建设主题，然后，对其进行扩展、构思。立意要具备民族特色、时代精神、地方本土风格，既要满足文化、商业、休憩等多种功能性，同时还要对城市文化、风貌进行充分表现。在进行规划时，要充分继承传统文化，并有所创新，为人们提供娱乐、交流的场所的同时还要满足不同年龄、不同阶层、不同职业人群的多样化需求。

（二）针对生态环境进行规划设计

园林景观规划设计关系到城市生态环境建设，必须针对地域生态环境开展相应工作，现场规划设计过程中，不能只关注园林的景观建设，必须明确了解和认识到植被引入的重要性、安全性。注重现代园林景观对城市生态环境的影响，采取有效的措施保护城市环境，尽量选择城市所在地特有或原生植物，从而打造城市特有的景观，建设具备综合文化氛围的城市氛围。

（三）规划设计选择合适的文化主题

园林景观规划设计过程中常以多种表现手法来突出其文化主题，并以此为现代园林景观进行命名。城市发展过程中，不少园林建设由原场地改建、新建两种模式进行，在原有建筑风格的基础上确立现代园林景观的风格，在原建筑风格的基础上进行现代园林景观的规划设计。在规划设计前，设计人员要加强对现场的考察，了解原有建筑风格、形式、历史等内容，对于新建的现代园林景观，其规划设计要注意考虑当地的地势、气候等因素，只有掌握了这些内容才能做好相应的园林景观规划设计，确定完善的规划设计主题。

（四）构建灵活、得体的景观体系

从整体到局部来考虑规划设计工作，围绕现代园林景观主题进行布置，充分表现主题，将各个构成要素进行合理处置，使得现代园林景观中的主要部分和辅助部分能够相互联系，形成统一的整体，从而获取具备特定的美观性。另外，对于各类现代园林景观存在的类型差异、服务差异、功能差异，在园林景观规划设计过程中更要注意把握、明确可能出现的特殊情况，使现代园林景观主题与地域文化能够相得益彰。

四、园林景观规划设计与地域文化间的关联

（一）现代园林景观设计应重视各地的环境条件

各个地域特征中现代园林景观的地形地貌需要结合地区情况进行规划设计，如丘陵区域保留曲折多变的视觉特征，使用与丘陵景观相互融合的植被进行设计；山地区域保留山体植被，并利用生态手段修复遭到破坏的区域；现代园林景观设计要顺应地势走向，利用已有资源构建开放性空间，善于利于现有资源融合各种文化，进行园林造景。

（二）根据地域历史文化收集景观素材

要想将地域文化在景观设计进行展现，必须根据地域历史文化收集具有代表性的素材，对素材进行选择时，应尽量选择可以应用到园林景观规划设计中的素材，并对这些符合的素材进行高效利用。设计人员可以根据具有地域特性的民间文化、名人故事等素材进行规划设计，素材选择的过程本质上就是设计人员整理自身设计思路的过程，这个过程使得设计语言能够更加丰富，大大的提升园林景观规划创作效率。

（三）结合规划设计思路进行素材整理

现代园林景观设计人员在收集地域文化素材时，遇到的资料大部分都是抽象内容，无法进行直接应用，可以通过对素材进行整理，对地域文化、历史形成自身的见解、认知。然后将其与规划设计进行结合，形成良好的设计元素，将其通过符号、影像等形式进行转化、展现，从而充分体现出地域文化色彩。这些情况都是在立足于地域文化的基础上，通过对设计元素的提取，从色彩、材质、形式、典故人物、事件、寓意等五个方面进行考虑，通过不断的考察验证，提取价值最高的内容进行归纳、总结，借助具有地域文化特色的方式进行展现。

（四）设计符号象征素材进行应用

园林景观规划设计人员在将素材收集、处理、提炼完成后，使用具有代表性的设计符号，应用到规划设计过程中去，才能更好地展示地域文化。这些素材的应用，可以通过相应的设计符号进行呈现，这对园林景观规划设计人员的素质提出了更高的要求。需要设计人员在规划设计过程中保留这部分元素的地域文化特色，将这些元素融合到景观规划设计中去，与地域文化之间实现衔接，保留历史传统内涵的前提下，满足现代化现代园林景观需求。通过对素材进行创造、改进，使其各类素材能够更富有表现力和生命力，设计人员通过改造、创新直接或间接运用，将其融入现代园林景观当中，形成统一的整体。

园林景观规划设计过程中在关注城市生态系统的同时更要关注其社会价值、艺术价值，充分提升现代园林景观的社会价值，在改善城市环境的同时提升地域文化水平，紧跟地域特征在时空上的变化，通过不断地探究发现，寻找提升人居环境质量的方式，为改善现代城市综合居住条件奠定坚实基础。

第三节　园林景观规划设计的主题与文化

开展现代园林景观建设时，应明确园林景观规划设计的主体与文化，将"自然发展"与"人文建设"有机的融合成一个整体，营造出符合现代化发展的人文理念与社会氛围。

近年来城市园林建设已经成为现代化发展的重点，受到社会各界的广泛关注。为保证现代园林景观建设符合现代化人们生活、发展的需求，构建景观园林规划主题与文化时，应结合时代发展，从人文精神、生态自然入手，营造出具有时代发展氛围的现代园林景观环境。

一、国外园林景观规划设计的主题与文化

（一）日本园林景观规划设计的主题与文化

日本园林景观规划设计浓缩了自然，将大自然的美好静物淋漓尽致地展现在广大市民的面前。日本是一个岛屿国家，其文化特色具有独特的特点，四面环海，给人以独特的开放性与兼容性，该特性充分在日本景观园林设计中展现出来。"茶庭""枯山水"是日本园林最具代表的两种形式。其中，"茶庭"又称"露地"，该园林形式起源于茶道文化，具有较强使用性与广泛性。"茶庭式"现代园林景观通常是在茶室入口处的一段空间内，依照园林景观规划方案，利用植被、怪石铺营造山间意境，例如，铺设"步石"用此象征"山间石径"，栽种"矮松"用此象征"繁茂的森林"，将"蹲踞式洗手钵"设置其中用此代表"山泉"，并设置灯笼，以此营造出清幽、淡雅、寂静、和谐的气氛，具有较强的禅宗意境氛围。"枯山水"形式的庭园具有较强的日本本土特色，是日本本土缩微形式的现代园林景观。在独特的环境中利用白砂石铺地、叠放怪石，营造出具有独特艺术色彩的日式园林氛围。

（二）美国园林景观规划设计的主题与文化

美国园林景观规划设计内容具有较强的浪漫色彩，给人以大气、磅礴的感觉。纵观美国多年来的历史发展背景，因其不受欧洲封建主义、宗教理念、管理制度的种种束缚，该地区人们思想较为开放，为美国社会、政治、经济、文化等多方面的发展具有深远影响，给人以朴实、纯真、自然、充满活力的感觉。在这种自然、开放、自由的文化氛围的发展下，美国人对自由、和平、浪漫、美好具有一种独特的追求与向往，因此，灌木、草坪、鲜花成为美国景观园林规划设计的主要元素，利用形式各样的灌木、草坪与芬芳艳丽的鲜花，在浪漫、大气、奔放、自由的设计理念引导下，构成美好、生动、甜美、广阔的现代园林景观，使人从中能够从中体会到快乐与激情、淳朴与自然。因此，美国浪漫主义园林景观规划设计理念是受世界所认可的。

（三）英国园林景观规划设计的主题与文化

英国园林景观规划设计理念往往给人以"世外桃源"的感觉。众所周知，英国工业领域最为发达，在世界上占据领先型地位，然而英国人民的思想更倾向与"自然"，对"世外桃源"生活氛围具有一种独特的追求。因此，英国人将"英国即乡村""乡村即英国"作为本国发展箴言。英国人对大自然具有一种独特的追求与喜爱，具有较强的人文自然意识，注重环境保护与自然保护。随着社会的不断发展，英国人对天然美的追求在不断加深，英国人在设计现代园林景观时，多利用山川、丘陵、森林、草地，构成独特的世外桃源景色，形成"自然式风景现代园林景观"。"自然式风景现代园林景观"在英国社会发展中的广泛应用，逐渐消除了自然与园林之间的界限，消除了人为性艺术，给人以"浑然天成"的艺术境界。喷泉、湖泊、露台、草场、庭院、花园巧妙的构成具有优雅、高贵园林景观规划设计氛围。

（四）德国园林景观规划设计的主题与文化

德国园林景观规划设计主体与文化的主要特征为"精巧细致"。德国是一个极具富有理性主义色彩的国家，对生态环境表现出极大的尊重，在德国景观园林规划设计中淋漓尽致的展现出德国人民的理性色彩，充分体现出德国人清晰的主体文化观念、严谨的逻辑思维。稳重、内向、深沉是德意志民族的性格特点，在对植物进行搭配时，通常会对植物进行精心、细致的裁剪与修正，利用科学、严谨的设计方案，将植被有序地搭配在一起，使其成为德国园林景观规划中不可或缺的重要元素。因此，德国现代园林景观的主体与文化具有较为浓重的人文特色，设计与线条较为突出，将现代园林景观设计成人们的"静思场所"或者是"冥想空间"。

（五）法国园林景观规划设计的主题与文化

法国现代园林景观将"庭院花坛"作为规划设计主体与文化。严谨匀称的构图、开阔的视线、恢宏磅礴的气势，利用喷泉、雕像、花坛等装饰物，构成雍容华贵、庄重典雅的现代园林景观特色。法国是一个注重"皇权"的国家，将"皇权至上"作为法国人民信仰的一部分。因此，法国人民在现代园林景观设计规划时，同样将"皇权"思想充分融入其中，开阔的水渠、草坪或者是宽广的大道作为现代园林景观的中心，给人以无穷的向心力与凝聚力，充分彰显出皇权的雍容华贵。

二、中国传统园林景观规划设计的主题与文化

中国文化博大精深、源远流长，是东方现代园林景观的发源地，凝聚着五千年劳动人民的智慧。中国文化因受历史发展的影响，不同时期的现代园林景观具有不同的文化特色。"囿"是中国传统现代园林景观萌芽形态；秦汉时期传统园林形态从"囿"发展到"苑"；受文人墨客的影响中国传统园林形态发展到魏晋六朝时期自然山水园林成为现代园林景观的主宰；唐宋的诗词发展到顶峰，其文学理念不断深入到现代园林景观建设之中，最终"文人园林"成为唐宋时期景观园林规划设计的主体与文化理念；不同时期的现代园林景观均受当时社会、政治、文化发展的影响，明清时期小说最为盛行，因此，清朝发展时期景观园林规划设计文化理念中不断渗透"移山缩地"理念，"写意园林"最终成为当时园林景观规划设计的主题。然而，无论历史怎样发展？"崇尚自然""师法自然"一直以来均是中国传统园林景观规划设计所遵循的基本原则。受"自然"文化的影响，中国传统园林景观规划设计时，通常是在有限的时间、空间内，最大程度上借用所在地区能够利用的自然资源，并通过各种手段，对自然景观进行模拟、提炼，将"自然美"与"人文美"有机地融为一体，达到"天人合一"的效果。幽静空远、浑然天成、水墨山水是中国传统园林规划设计的文化特色，强调"造园之始、意在笔先"，进诗情画意融入现代园林景观的建设之中，达到寄情于景、情景交融的意境效果，突出高雅、闲适的意境氛围。在景观园林设计中梅、兰、竹、菊、松、柏、荷与奇山、怪石、泉水遥相呼应，达到渲染气氛、烘托人物心情的效果，展现古代人们的高尚情操，以及对美好事物的向往。

三、园林景观规划设计的主题与文化

随着社会的不断发展，中西方文化不断交融，景观园林设计也得到新的发展与突破，形成具有现代特色、时代精神的现代化园林景观规划设计主题与文化。现代园林景观发展中继承并发扬传统文化精髓，并将环境保护理念、自然节约理念、可持续发展理念等具有新时代发展化的理念融入景观园林建设之中，融入"人文主义精神"，构建人与自然和谐发展的新局面。因此，现代化园林景观规划设计时应突出人性化，将"以人为本"发展理念深入其中，注重人与自然的和谐相处；注重多样化，将先进的科学技术、设计理念融入景观园林设计中，使现代化景观园林建设能够达到与时俱进、开阔创新；突出自然精神，设计园林景观规划方案时应遵循尊重自然、保护自然的原则，展现自然化艺术特色。

随着社会的不断发展，人们对生活质量要求日益提升，注重城市规划，搞好现代园林景观建设，是 21 世纪城市化建设与发展的重点。

第四节　生态园林景观规划设计

生态园林景观规划设计，主要研究人类聚居环境中的园林景观规划设计，通过生态学理论基础和原则的阐述，对生态理念下园林景观规划构成要素进行梳理整合，力求达到使人居环境在兼具审美价值、使用功能的同时，真正实现自然资源合理利用，以人为本，保证人居环境的生态可持续性发展。本节主要针对在生态理念支持下的园林景观规划设计的研究。

一、当前园林景观规划设计的现状问题

美国当代风景园林大师西蒙兹曾说过："景观设计师的终生目标和工作就是帮助人类，使人、建筑物、社区、城市以及他们的生活——同生活的地球和谐相处。"自20世纪70年代，联合国教科文组织发起"人与生物圈计划"开始，人们对生态环境的探索之路就未曾停止过，力求实现自然与人之间的和谐、永续的发展目标。我国的现代园林景观设计是较为新兴的行业，其产生背景是在古老传统的造园学和西方现代景观专业的冲击下形成的，特点是起步晚而发展迅速。由于技术、经验、理念等因素的影响，在行业快速发展的过程中存在一定的问题。比如，许多城市户外空间的休闲广场，现代园林景观成为艺术品摆设；草坪多半不允许进入；树荫少、座椅少的现象屡见不鲜；交通围合成的广场其可达性几乎为零等问题，这些都让户外空间环境失去了亲切感和舒适感。此外，还有些设计师在进行园林景观规划设计时，过于沉迷各种意向图片，将自己或别人已有的设计成果重组成新的设计成果，这些发展中存在的各种问题，使得园林景观规划设计和本土生态环境、地方文脉缺乏联系，同时也背离了人与环境、生态园林景观规划设计的理论基础。

（一）生态园林景观规划概念

生态学（Ecology）一词源于希腊义"Oikos"，原意为房子、住所、家务或生活所在地，"Ecology"原意为生物生存环境科学。生态学就是研究生物和人及自然环境的生态结构、相互作用关系，是多学科交叉的科学。生态园林景观规划指以整个园林景观规划为对象，以生态学理论为指导，运用生态系统原理和方法，所营造的园林绿地系统。主要研究景观规划结构和功能、景观动态变化以及相互作用原理、景观地域审美格局，合理的利用和保护环境资源等内容。

（二）生态园林景观规划基本原则

可持续性原则。自然优先是生态园林景观规划的重要原则之一，资源的永续利用是关键。自然环境是人类赖以生存和发展的基础，其地形地貌、河流湖泊、绿化植被、生物的多样性等要素构成现代园林景观的宝贵资源，要实现人工环境与自然环境和谐共生的目的，必须树立可持续性设计的价值观。

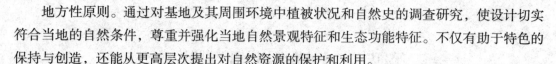

地方性原则。通过对基地及其周围环境中植被状况和自然史的调查研究，使设计切实符合当地的自然条件，尊重并强化当地自然景观特征和生态功能特征。不仅有助于特色的保持与创造，还能从更高层次提出对自然资源的保护和利用。

（三）生态园林景观规划构成要素

①地形地貌。自然地形地貌决定了某个区域的自然、经济、文化属性，从而形成了不同的规划设计诉求。高山、平原、沟壑、河谷等地形地貌既有表达出环境特征，也体现其美学价值。因此，在充分挖掘利用地形优势，因地制宜，并通过改造、遮蔽、借景等手法，规划出最适宜的空间结构。②气候。通过设计的选址和场地的规划设计，来创造适宜的气候是生态园林景观规划的主要任务和目标。对气候的营造大致可遵循以下几点原则：提供直接的庇护构筑物以抵抗太阳辐射、降雨、飓风、寒冷；在区域内引入水体，通过水分蒸发形成制冷的微气候效果；植被具有气候调节的用途，如林荫树和吸收热量的植被。尽量保护现存植被，或者在需要的地方增加植被的运用。③水体。自然水体不仅给人各种感官的享受，同时也往往是区域内景观设计的精华所在（如溪水、泉水、河流、湖泊等），"亲水性"使得滨水空间成为极具人气的景观。因此，应加强关注水资源的保护和管理，如河流水体堤岸的生态功能设计，避免混凝土或砌石陡岸，维持好水体与陆地之间的物种连续性；尽量使用自然排水引导地表面径流；利用生态方法设计湿地净水系统，提升水体的自净能力等。力求达到水环境的生态功能与景观审美享受并重的目的。④植物。从景观生态的角度出发，强调植物要素，能达到整体优化的效果。通过加强园林生态系统的绿色基质，充分考虑植物系统的丰富多样化，可形成自然生态系统的自稳性、独特性和维持投入低成本的特点。同时，植物要素多样性也是生物多样性得以保持和延续的基础。

二、生态园林景观规划设计发展构想

（一）尊重自然，协调物种关系

从尊重自然演化过程的角度进行设计实践，是生态园林景观规划的核心内容。如对区域地形地貌格局的连续性、完整性的保持和复原；发挥水体沿岸带的过滤、拦截的作用，并种植对污染物有分解吸收能力的水生植物来增强水体自净能力；强调乡土树种和植被的合理运用，保护和建立多样化的乡土生境系统。

（二）以人为本，关注人文生态

现代景观规划设计理论家 Eckbo 认为："人"作为现代园林景观中根本要素，所有的景观规划设计都应以人为本，为"人"服务。生态规划的目标就是要实现人与自然的和谐相处——一方面，面对自然生态的外部世界，运用生态手段，来满足人在环境中的存在与发展需求；另一重要的方面，即人文生态系统，指社会环境和文化环境层面。各种社会文化要素间是相互作用、不断流变的动态复合系统。在园林景观规划设计中，人文生态能有效的促进社会全面发展，有利于打造区域文化内涵，提高经济效益、凸显地域特色和魅力。

（三）技术支持，科学造景

运用新技术，循环使用能源，努力做到节能环保。综合遥感技术（Remote sensing，RS）、地理信息系统（Geography Information Systems，GIS）和全球定位系统（Global Positioning Systems，GPS）简称"3S"技术，运用前景广阔。通过客观数据的量化和比对分析，能为传统的规划方法提供更科学的依据。通过技术手段，把人类生存环境真正变成一种开放、自由、有序的理想空间。

生态园林景观规划设计的核心就是要实现人与自然、社会的可持续发展。关注人类聚居环境，要求我们从生态、永续的角度出发，以满足人类生活、经济发展、环境健康、资源可循环为目标，将生态园林景观规划的设计理念为人类创造出稳定、健康、可持续的生活环境。

第五节 现代住区园林景观规划设计

结合现代住区园林景观规划设计的要点，从盲目追求档次、缺乏特色、设计与施工脱节等方面，阐述了现代住区景观设计中存在的问题，并提出了相应的应对策略，从而满足人们多元化的景观需求。

现代城市园林景观的构成要素比较复杂，具体包括了生态要素、环保要素、文化要素等，现代住宅空间是人们减灾避险的重要屏障。随着社会经济体系的不断健全，人们的生活质量不断增强，对于居住环境的要求越来越严格。为了适应现阶段社会大众生活的需要，进行城市现代园林景观建设体系的优化是必要的，本节通过对现代住宅小区园林景观规划设计问题的分析，探讨解决途径与对策，力求其景观规划设计的科学性、舒适性、原创性及最大化的景观价值。

一、现代住区园林景观规划设计要点

（一）规划主题的确定

在城市整体规划模块，需要从生态、人文、地理角度出发，做好现代住宅小区的景观规划设计工作。不同形式的住宅小区现代园林景观设计其面对的大众群体不同，表达的住宅文化也存在明显的差异性。为了适应不同居住群体的需求，需要进行适宜性现代园林景观主体的选取，优化现代园林景观设计理念。如果是缅怀革命烈士的红色园林，为了衬托庄重肃穆的氛围，可以进行松树、冬青等树木的种植，不能采用色彩鲜艳、丰富多彩的花卉。又如在一些休闲韵味的园林中，可以进行多种花色花卉的采用，确保人精神压力、生活压力的疏解。

（二）生态要素的利用

为了适应现阶段园林设计工作的要求，必须实现绿色环保施工模块整体效益的增强，

进行施工投入的降低，实现现代住宅小区园林绿化面积的扩大。在施工及实际模块，需要统筹兼顾原自然生态环境要素，进行原环境植物要素、地形要素等的有效性利用，实现对现代住宅小区场地的综合性分析，确保自然环节、文化景观环节、地域特征环节等的协调，做好对这些环节的充分性调查及设计，实现设计理念的整体性、统筹性分析，做好现场场地分析及园林景观规划指导工作。

（三）不同类型与手法

1.保护性规划设计

在城市景观设计模块，保护性城市现代园林景观设计扮演着重要的角色地位，这种设计模式遵循自然景观的保护性原则，实现对先进性生态设计理念的应用。生态型城市自然遗留地存在一系列的风景样本及生物群落，这些生物风景非常具备代表性，这些植物种类、地貌环境等实现了休闲功能、旅游功能、教育功能等的结合。通过对不同管理模式的分析，可以将城市景观保护设计划分为生态科普模块、生态保护模块等，在保护性城市现代园林景观设计中，需要遵循生物物种多样性的原则。在建设景观的保护设计环节，需要实现各种自然资源、社会资源等的综合性利用及优化，实现城市资源、生态资源等的结合利用。

2.互动性城市规划设计

互动性城市现代园林景观设计遵循人与自然互动的原则，现代住宅小区园林景观规划设计不仅要重视风景的设计性、实用性、美观性，更要突出人与环境自然景观的互动性，实现自然景观与人的良好性互动，满足社会大众的休闲娱乐需求。

现代城市园林绿化建设是城市经济体系的重要组成部分，城市经济的发展需要实现社会效益与生态效益的结合，园林景观规划设计需要以保护城市生态环境为前提，进行园林内部空间的有效性利用，实现城市绿化面积的不断提高。在现代住宅小区现代园林景观设计模块，需要实现建筑物、绿化项目、居民生活等环节的整体性分析，实现生活环境与自然生态环境的完美融合，实现居民环境生态机制体系的健全。

二、现代住区景观设计存在的问题

（一）盲目追求档次

档次是一种宏观化的设计理念，在现实现代园林景观设计模块，档次概念往往被扭曲，被错以为用材的高大上；被片面理解为宏大的气派，都错认为园林小区的上档次，就是高财力、物力投入。有的管理者在项目设计及建设阶段，投入了大量的资金、物力、人力等，为的是衬托出园林项目的高大上，在这个过程中，却难以深入分析该住宅区的自身建筑特点。比如，住宅区的入口通常要具备良好的开阔性，并且要与住宅区的建设风格相贴合，力求实用、适用、简单、美观，有的管理者却在住宅区入口建立了返古园林型入口，这样的住宅入口虽然看起来高端大气上档次，实际上却与整个住宅区的建设风格相背离。现代园林景观设计需要与住宅区的建筑风格、建筑特色等相匹配，实现设计成本及施工成本的优化。

（二）特色与个性缺乏

有的房地产开发项目整体建筑风格千篇一律，缺乏小区现代园林景观的独特性，存在与其他小区园林设计上的模仿及克隆问题，现代园林景观不仅仅是人们日常休闲游戏的场所，也是一种富有特色的风景建设作品，应该需要有其自己的风格及内涵，通过对该住宅区建设风格、主体、文化品位等的分析，设计出独具特色的现代园林景观作品。

（三）设计与施工脱节

现代园林景观设计阶段与施工阶段往往存在一定的差异性，美好的想法需要通过实践才能成为现实。在实践模块，有些施工单位往往难以掌握设计图纸的精髓，不能实现设计模块的整体性、统筹性分析及实践，这出现了一系列的现实建设问题。比如，地形改造问题、树种搭配问题等。为了实现景观规划的最大效果，设计者们必须做好现场指导工作，把握好现代园林景观与住宅小区的关系，在实践中，将设计的意图、思想充分表达出来，区别于一般化的市政工程，现代园林景观施工材料大多不是标准性的工业建筑产品，在实践过程中，会遭遇到各种不确定因素的影响。

三、现代住区现代园林景观设计的应用对策

（一）天人合一思想

天人合一思想是现代住宅小区现代园林景观设计的重要理念，在景观设计模块，需要遵循人性化设计及施工的原则，要以满足人的居住需求、心理需求、文化需求为目标，实现对现代住宅小区整体自然环境的保护，确保现代住宅小区现代园林景观设计的健康、可持续发展，在这个过程中，要以人的活动为落脚地，创造生态化、和谐化、人性化的景观风景。比如，在现代小区建设中，进行人工水池的建设，无论在冬季无水期还是在夏季枯水期，都能让水池成为现代住宅小区的亮丽风景线，保持水池的整体景观性，实现水池综合使用功能的丰富。

在小区人工水池设计模块中，水池、草木植被分布范围、休闲场地位置等实现了良好的设计搭配，满足了小区居民的感官需求，同时实现了绿地质量及功能的提升，确保现代住宅小区现代园林景观的诗意性、趣味性、实用性，超脱住宅小区景观建设的单一性生存层面，带给小区居民愉悦的精神享受，抒发了设计者对于自然之美、社会之美、人性之美的追求，实现现代住宅小区社会活力的增强，满足人与自然相协调的规划设计理念要求。

（二）自然、生态化原则

随着现代住宅小区建设体系的不断健全，生态住宅区理念不断兴起，生态住宅区实现了对人们日常居住需求的满足，减少了对原生态自然环境的破坏，实现了人的社会生活与自然环境保护的完美协调，实现对循环生态学原理及可持续发展理念的结合，降低了建筑施工、人类生活对大自然的破坏，这是现阶段社会经济发展的重要趋势。

（三）因地制宜的规划

住宅小区的绿地建设需要遵循实用性的原则，需要绿化整体防护功能，比如，考虑到

冬季防风、防尘的需求，考虑到夏季遮阴降温的需求。在绿化建设模块，需要实现草、灌、乔等不同植物形式的结合，实现其种类配置比例的优化。为了满足小区居民日常户外活动的要求，需要根据居民的不同需求，进行现代住宅小区空间组织结构的优化，通过对道路广场、绿化等模式的开展，进行不同活动区域的划分，在道路、小广场划分模块，必须考虑到人们日常生活的实用性、安全性。

（四）实用、经济的设计

住宅小区是人重要的居住区域，区别于公园，住宅小区的绿化建设需要满足居民的社会生活需求，既能为小区居民建设一系列的户外活动场地，也能为居民创造一个良好的生态环境。在小区房屋建设模块，其对于原有土壤的破坏性比较大，往往会出现大量的建筑垃圾，这不利于城市土壤性能的保护，为了满足小区绿化工作的要求，可以进行树种的栽培，选择一系列地方性树种，避免出现一系列的经济损失。

（五）综合、统一的艺术

现代园林景观设计是一门复杂性的建筑艺术系统，其以满足人的审美需求、功能需求为特征，现代住宅小区园林景观规划设计工作的开展，实现了生活环节、生态环节、人文环节、建筑环节等的结合；满足了人的多样化的生活、精神等需求。现代园林景观的设计过程也是一种艺术作品的创造过程，为了适应现阶段住宅小区园林景观规划工作的要求，必须进行住宅环境、自然环境的深入分析，实现园林设计新型理念的应用。

通过对以人为本设计理念的应用，可以提升住宅小区景观规划设计效益，满足人们的多元化生活及发展需求，这需要遵循审美性原则、科学化原则、个性化原则，优化园林景观规划设计体系。

第七章
风景园林规划设计研究

第一节　风景园林规划设计中的创新思维

近年来，随着我国社会经济的高速发展，人们的生活水平不断提高，对城市建设规划以及风景园林设计等方面都提出了更高的要求。其中，风景园林规划设计更是城市建设中的重要内容之一，风景园林规划设计是一项十分复杂和系统的工程，对设计者的创新思维有很高的要求。基于此，本节主要对风景园林规划设计中的创新思维进行了全面的分析与探讨，希望可以进一步推动我国风景园林规划设计的发展，为城市发展贡献更多的力量，供相关工作人员参考。

从我国风景园林规划设计现状来看，我国的风景园林规划设计理念相对落后，风景园林规划设计普遍存在严重的模式化和形式化现象，过于追求外观的绚丽等视觉上的效果。而在规划设计中忽略了传统文化的融入，使现有的风景园林规划设计从外观上看就像"克隆人"一样，模仿的痕迹十分清晰，缺少足够的创新。所以，为了满足人们对风景园林规划设计的现实需求，设计者必须根据以往的设计经验和实际情况，在设计中增添足够的创新因素，以此提高风景园林规划设计的整体效果。

一、创新思维在风景园林规划设计中的重要作用

传统的风景园林规划设计，设计的理念和方式大同小异，设计人员将更多的精力投入到风景园林的外观设计上，而忽略了风景园林内在文化的展现。使得各个风景园林只有一个绚丽多彩的外在形象，其内涵文化没有得到充分的体现，导致风景园林的整体设计效果不是特别好，没有特别吸引人的地方，设计缺少足够的创新。所以，在现代风景园林规划设计的创新理念下，要想更好地体现出风景园林的内涵文化，除了要在其外观上下足功夫以外，还应该在风景园林的抽象设计环节中进行有效的创新。将更多具有当地特色的文化素材和风景因素等融入规划设计中，使风景园林的规划设计可以与当地的人文特点和风俗习惯等有机结合，给人一种耳目一新的感觉，带给游客不一样的视觉体验，感受到风景园林的创新性和文化特征，以此提高风景园林规划设计的整体水平。

二、风景园林规划设计创新过程中遇到的问题

风景园林整体规划设计缺少创新点。随着城市化进程的不断加快，城市规模逐渐扩大，城市人口越来越多，城市中到处可见高楼大厦、商业街等。在此背景下，城市中的风景园

林在进行整体规划设计的时候，为了能够适应城市的发展，与城市的整体规模和发展状况相适应，在对风景园林进行整体规划的时候，会过于追求设计的现代化，在风景园林规划设计的过程中融入更多的现代化素材，以此突出风景园林的现代化外观，与城市的发展进行匹配。因为城市的发展进程是一致的、发展是相似的，这也造成风景园林的规划设计太过注重外观，模仿对象以欧美风格的园林为主，使得全国各地的风景园林显得毫无新意，缺少足够的创新点，无法满足人们的现实需求。

没有体现当地的文化特色。在现代风景园林规划设计的创新过程中，设计的灵感是源源不断的，也是多种多样的。但是受到工业化设计以及国际化设计风格的影响与制约，设计师在进行风景园林规划设计创新的时候，会将创新的重点放在风景园林的外观创新和内容的创新上，容易忽略对当地文化特色的创新与展现，使得风景园林的规划设计严重与当地文化脱轨，没有彻底突显出当地风景园林的独有特点和文化意蕴。每个地区的风景、景观以及人文特色都存在较大差异，也都会遵循一定的自然规律，以此呈现不同于其他地区的自然景观，将当地的文化特色和风景更好地展现出来。由于在风景园林规划设计中过于追求外观上的视觉效果，没有将具有当地文化特色的创新点考虑进来，就会使风景园林的规划设计在深度上缺少足够的创新，使得风景园林的规划创新显得乏善可陈，毫无创新可言。

三、风景园林规划设计的创新策略

鼓励社会大众积极参与风景园林规划设计。风景园林规划设计的最终目的是为社会大众带去良好的视觉体验，带给大众心情上的愉悦，满足大众对它们功能上的需求。为此，现代风景园林规划设计的过程中，可以邀请广大社会群众都参与到风景园林的规划设计中来，为风景园林的规划设计出谋划策，提出自己的建议和看法，帮助风景园林规划设计人员获得更多的设计灵感，找到更多的设计创新点。一方面，风景园林的规划设计与当地百姓的日常生活息息相关，风景园林是以服务大众为己任。所以，社会大众在风景园林的规划设计上应该是最有发言权利的人，也是感受最深刻的人。另一方面，风景园林规划设计人员可能对当地的人文情况、文化情况以及风俗习惯情况等不太了解，不能站在当地居民的角度去考虑风景园林规划设计，就会导致设计的结果不尽如人意，无法满足当地居民对于风景园林的现实需求。所以，设计单位应该适当采纳当地百姓的设计创新建议，并且通过全面的社会调查和走访，最终确定完整的风景园林规划设计方案，并且高效落实。

风景园林规划设计单位可以在设计的初期开展一次"园林设计靠大家"的主题活动，向当地的社会大众征集各种风景园林规划设计方案，并且从中挑选出几份优秀的规划设计，进行为期一个月的展示与投票，最终从中选出一份社会支持率最高的方案实施，并且给予方案提供者一定的奖励，以此提高社会大众的参与积极性，为风景园林的规划设计贡献自己的一份力量。

根据风景园林的功能进行创新。一般情况下，现代风景园林的主要功能是为社会大众提供一个可以放松心情，休闲娱乐的场所，需要满足进行适当室外活动和体育锻炼的功能。

风景园林的功能相对比较单一。所以，风景园林的规划设计人员可以在使用功能上进行适当的创新，将风景园林设计成集娱乐、休闲、游览为一体的多功能场所，以此吸引更多的人到风景园林进行亲身体验，感受风景园林带给人们的不同的情感体验和意境表达。例如，在风景园林的规划设计中，设计人员要先对当地的历史进行深入的研究与分析，找到当地具有典型意义的文化历史和生活历史元素。在风景园林中规划出一个特定的历史文化观赏区，对当地的历史文化和发展历程进行展示，帮助当地居民了解到更多与自己家乡有关的知识，提高大众的文化素养，同时也可以吸引更多的外地游客，对当地的历史进行品读，了解当地更多的风俗习惯和人文气息等。

另外，风景园林除了要为社会百姓提供娱乐的场所以外，还应该规划设置更多的体育锻炼器材等，包括简单的体育器材、篮球场、足球场等，引导人们在业余时间更多地参加体育锻炼，提高自身的体质状况。在风景园林中，体育设施方面的建设只是整体规划的一个方面，不能规划过度，将风景园林的本质变成了体育场所，要设计得合理，既不能改变风景园林的本质，又要突出风景园林的规划设计创新点，以此提高风景园林的整体功能和创新效果，给社会大众带来不一样的游览体验。

尊重风景园林的原始性与独特性。无论是古代的风景园林，还是现代的风景园林，其本质都是一样的，都是展现风景和自然的场所。为此，社会大众对于风景园林的实际需求还是以观赏为主，其他附加功能为辅。人们游玩风景园林的目的就是想要在游玩的过程中释放压力，想要在游玩的过程中得到快乐和视觉上的享受。所以，现代风景园林的规划设计创新，既要将现代城市元素融入规划设计当中，又不能破坏风景园林的原始性和独特性，要做到风景园林现代设计创新与大自然的有机融合。现代风景园林的规划设计要尊重自然的原始性和独特性，使用恰到好处的设计方案和园林景观雕琢技术等，将风景园林的自然美观充分地体现出来。

实现传统设计以及现代艺术的有机融合。现代风景园林的规划设计，经过了多年的发展和艺术积淀，已经积累了相当丰富的规划设计经验，并且融入了很多西方的传统文化因素，形成了具有传统和现代艺术特色的一个整体。所以，在对风景园林规划设计进行创新时，设计人员必须要处理好传统设计与现代艺术之间的关系，既要体现传统设计的理念，又要将现代艺术的素材适当地融入进去，以求给人们丰富的视觉体验和情感体验，形成独具风格的风景园林外观。传统设计与现代艺术的有机融合，不但可以弘扬中国的传统文化，而且能推动现代艺术的发展以及文化传承，实现真正意义上的文化传播和欣赏。设计人员需要将现有的文化元素和设计理念结合在一起，从风景园林的外观、文化内涵、功能等多方面进行有效的创新，从而推动风景园林的创新发展。

综上所述，我国的风景园林在规划设计创新的过程中，正面临创新点不足、文化特色表现不全等现实问题，亟待解决。相关的风景园林规划设计人员必须在工作中，将传统的设计与现代艺术有机地结合起来，并且积极采纳大众的建议，对园林的功能进行创新性开拓，同时要尊重园林的原始性与独特性，进而全面推动风景园林的创新设计发展，提高园林的整体设计水平，促进我国的风景园林发展。

第二节 风景园林规划存在的问题

城市风景园林设计是一门涉及生态、人文、艺术、生物等社会科学，以及市政、交通、建筑、水电、植物栽种等技术领域的综合类学科。可见，城市风景园林设计极具复杂性，导致我国城市风景园林设计存在一些问题。为此，本节首先分析我国城市风景园林设计存在的问题，然后提出有效的应对策略。

随着社会的发展，城市风景园林的研究已经突破模山范水、美学与艺术表达的束缚，转向综合考虑社会、生态和文化价值，其中包含土地规划、设计、管理、保护和恢复等工作。目前，我国城市普遍存在盲目过快建设，城市风景园林建设浮于表面的问题，具体表现：盲目模仿西方或大城市园林景观，采取与实际土壤、气候环境不相符的设计元素和园林植物，过度追求高要求和高品位等。简而言之，我国城市风景园林设计存在"全球化与地方化矛盾""传统与现代矛盾"的问题。鉴于此，简要探析城市风景园林设计存在的问题和对策。

一、城市风景园林设计存在的问题

（一）问题的具体表现

（1）广场建设盲目性大。城市广场是一处集集会、休闲和娱乐等功能为一体的场所，其建设面积一般根据城市等级来定：（特）大城市 10hm²、一般城市 3~5hm²、小城镇 2~3hm²。但目前，我国城市广场建设普遍存在盲目求大的问题，一些县城的广场面积甚至达到 15~25hm²。据统计，我国 662 个城市和 20000 余个建制镇中，"形象广场"近两层。另外，我国城市广场建设还存在奢华且与地方实际严重脱离的现象，比如广场铺地的面层选择厚于 30mm 的花岗岩，而事实上，20~30mm 的花岗岩足以满足广场的观赏与使用需求。

（2）绿化模仿现象严重。除建筑物外的用地都是景观园林用地，它是城市形象特征的最好体现。但在园林绿化中，一些城市存在盲目性，比如盲目移植大树或引入外地品种而忽略乡土植物，这种"模仿照搬、贪大求洋"的行为导致我国城市园林建设"千城一面"。例如，20 世纪 90 年代，我国普遍以种植草坪为时尚追求，并引入名贵草种，甚至为此砍伐茂密的树林，同时为了减少草坪维护成本，被迫将绿地列为市民休闲娱乐的禁区；随后一段时间，城市新建绿地又广泛种植秃头树，甚至将椰树种植在环境较为恶劣的北方城市。

（二）问题产生的原因

（1）主观原因。一些城市风景园林设计成为了设计师个性宣泄的场所或是官员意志的产物。第一，管理人员相互学习、效仿和攀比。关于管理人员"大兴土木、加快城市建设"的问题，表面原因是为了顺应城市发展的现实需要，而实质是城市主政者抱有"求大、求洋、求变、求新"的心理，将城市面貌日新月异认为是政绩的表现。第二，模仿风气盛行。国际著名建筑设计师库哈斯指出："中国建筑师数量仅占美国的 1/10，却在 1/5 的时间里设计出 5 倍数量的建筑"，说明中国建筑师的效率达到了美国的 250 倍，而事实上，我国同一建筑师在不同城市的建设方案仅有细微的差异，套用嫌疑明显。

（2）客观原因。从世界文化的视角来看，不同国家、民族和地区的差异正在逐渐消失，在全球意识的支配下，一种"世界文明"正在逐渐形成，导致不同民族和地区在风景园林设计上的审美、功能、技术趋同，同时随着信息的传播与交通的发展，某一类风景园林可快速蔓延到世界上的各个角落。对此，最为根本的原因是现代城市风景园林设计与地方性相脱离，这一点值得每一位设计师深思。

二、城市风景园林设计原则

为了将城市风景园林打造成一个生命力旺盛的开放空间，并能长久地服务大众，要求坚持"以人为本""遵循自然规律""巧用资源""降低维护成本"的原则。

以人为本。风景园林是人类生产和改造的结果，它力求满足人类不断丰富的生活需求。鉴于此，首先，风景园林设计应当满足大众的生态需求，以保证其生理和安全需求得以满足，即在设计风景园林时，科学规划园林植物群落，并利用生态学理论，发挥园林的生态作用，同时通过改善区域性环境来为大众打造一处健康的生活空间。其次，风景园林设计是一门审美艺术，其应当满足大众的美学的艺术需求，即利用烘托、对比和变化的方法，增添园林的美学价值，并通过科学搭配景物和塑造整体结构来展现相应的条理、秩序、韵律和节奏。最后，风景园林是一处公共空间，其应当满足大众的社会活动需求，即合理规划空间、安排场地和排布设施，并利用环境行为学理论来实现充分利用场地资源，以方便大众有效开展户外活动。

遵循自然规律。面对环境污染、资源短缺的残酷局势，人类在开发自然环境方面逐渐转变了态度，即在风景园林设计中，以"遵循自然规律"为理论基础，并以"维护生态平衡"为重要依据。总之，风景园林设计对自然的尊重，有助于控制废弃物排放和环境污染；有助于修复自然系统和生态系统；有助于传承和发扬地方文化，并有利于园林的长久发展。

巧用资源。为了降低城市风景园林的成本，要求控制好整个园林建设中的资源消耗，而最为有效的办法是根据园林设计要求和场地条件，合理开发场地，并充分利用场地既有的地理条件、水源条件、植被条件、土壤条件等，降低园林设计成本；科学配置资源，减少材料在购入、运输中产生的费用，并改造工艺，以降低工作难度；通过自愿参与和捐款捐物的方式，充分利用有益资源，从而节约资金。

降低维护成本。为了促进城市风景园林的长久发展，应当追求园林的长期效益，并正确预估维护园林的成本。园林的维护成本控制要求综合考虑以下内容：选择使用寿命长的耐用材料，并以人工方式延缓材料更换周期，以降低材料消耗；找寻有效的水源补给或有效降低水资源消耗，有利于节约水资源；合理使用电能等资源，以支持园林养护工作的高效开展；根据季节变化合理地调配人力，并选择耐受性植物和建造自然的植物群落，从而降低园林维护的人工成本。

三、城市风景园林设计策略

转化运用场地中的资源。在城市风景园林设计中，转化运用场地中的资源有助于减少材料的购置、降低建造成本和减轻环境破坏，同时通过保留地方性文化，有助于场地内文化的延续和内涵的丰富。场地中的资源包括自然、人造资源两种，其中，自然资源包括地形、山体、土壤、植物和水体资源；人造资源包括既有建筑、结构、硬化场地、道路和荒废设施等。从美学价值考虑，风景园林设计对场地中既有资源的运用需要解决一个问题，即如何实现新、旧元素的有机结合？对此，可从材料的形态着手进行处理，具体处理方式：原状保留是指原状保留场地中具有较高价值的自然、人工元素，用以纪念既有景观或延续其功能；修复更新，即修复现状景观，使其发挥作用；拆解重构，即将既有资源拆解成为个体或小的群组，然后再重组利用；新旧渗透，这是一种最为常见的处理方式，它是指将新、旧元素整合形成相互融合的、统一的整体，比如，在自然河流的合适位置修建人工驳岸，将新的植物品种引入既有的绿地中。

选取地方性材料。地方性材料是对地域文化的延续和对当地景观特征的表达。研究表明，地方性材料本土化是人们对归属感的暗示。地方性材料的购入来源多，且距离场地较近，所以开发地方性材料有助于成本的降低。另外，相较于外地材料，地方性材料对当地自然条件的适应能力更强，这既可以使风景园林更好地融入环境中，获得更好的美学效果，又可以避免人工介入破坏动植物的栖息环境。面对"千城一面"的局面，风景园林设计选取地方性材料更具科学价值。

选取乡土植物。乡土植物是一类具有文化内涵且当地植物特色的植物。经过长期的人工引种和栽培、自然选择、物种演替，乡土植物的群落结构稳定，且生态适应性很好，从而保护了当地的生态安全。相较于外来植物，乡土植物所采用的繁育方法更简单。在营造郊野氛围、环境修复和荒地复绿中，乡土植物的种植方法包括：直接在种植地播撒种子；先在场地周边种植接种母株，再依靠风力或鸟群传播种子；移植表层土，将乡土植物的种子播撒在园林建设地中，从而实现种子的自然萌芽。研究表明，乡土植物的购入来源广、价格低且能很好地适应当地的环境，从而降低了园林的维护与替换成本。

满足大众需求。城市风景园林设计的首要目标是满足大众的需求。风景园林设计师应当坚持的最高设计准则是满足大众的喜好和需求，即：设法为使用群体提供质量更高的休憩、娱乐、体育、观赏和交流等环境体验空间，从而满足使用群体的生理和心理需求。为了在成本投入最低的情况下满足大众的生理和心理需求，风景园林设计可以采取以下实现方法：第一，因为当居民的文化层次、年龄、性别和阶层不同时，他们将有不同的游园需求，所以要求区分大众属性，以此为设计前提，合理取舍和组合园林景点，如在设置体育休闲活动空间时，组合设计孩子和老人的活动场所；第二，在生理需求上，风景园林设计最应满足大众对活动场地安全性、耐用性和舒适性的需求，同时还应在视觉、触觉、听觉、嗅觉和味觉上提供良好的体验，从而使受众群体放松心情；第三，在心理需求上，将风景园林打造成为大众的心灵家园，让大众拥有更强的满足感、新鲜感、归属感和安全感。无论如何，风景园林设计都应以了解受众群体的需求为首要原则，所以，园林设计师不得按照自己的思维盲目设计场地，切实坚持"以人为本"的设计原则。

城市风景园林建设是维护城市健康稳定发展的重要内容，但因为一些主客观原因的影响，导致风景园林设计存在盲目性。对此，本节首先阐述了城市风景园林设计应当坚持"以人为本""遵循自然规律""巧用资源"和"降低维护成本"的原则，然后简单探讨了城市风景园林设计对策，用以指导园林设计师科学设计出满足大众需求的、符合当地城市发展的风景园林。

第三节　VR+ 风景园林规划与设计

建筑行业的发展对我国社会经济水平的提升有重要的作用，风景园林建设成为现代城市化建设的重点，能够促进城市化进程。传统的风景园林设计工作主要是依靠对设计图纸的分析与调整，然而这种工作方式效率较低。基于此，本节主要分析风景园林设计中的工作特点，通过使用虚拟现实技术，使风景园林设计工作能够更加便捷地开展。

传统的风景园林设计工作主要是依靠对图纸的分析与调整，开展工程建设施工规划。这种方式能够在一定程度上保障工程建设施工效用，但还无法对实际问题进行分析和解决。虚拟现实技术能够通过建立三维立体模型展示工程建设的实际规划，直观地体现工程方案，增强施工效率。在这个过程中，设计者能够获得更加真实的体验风景园林设计构造，直观地解决相关设计问题，减少设计施工变更带来的问题。

一、虚拟现实技术简介

在我国虚拟现实技术在各行各业中已广泛应用。虚拟现实技术主要是利用网络技术进行发展，通过对各种信息技术的结合，使整体技术得到提升、发挥效用。虽然我国风景园林建设项目的发展时间较短，但其对虚拟现实技术的应用还比较广泛，能够较好地满足设计者的要求。在开展风景园林建设施工的过程中，设计者需要有一个全面的感受及体验。这就可以通过虚拟现实技术的对设计方案进行全方位的调整，通过视觉展示，明确其中的问题。虚拟现实技术在实际应用过程中具有较大的真实性，能够使得风景园林设计工作的细节得到加强，不仅能够保证工程建设施工的美观，还能够对技术及质量进行控制。风景园林设计工作需要考虑到实际施工过程中的气候等问题，并且还需要考虑到工程在不同季节下的变化情况。虚拟现实技术就能够考虑到这些问题，真实地展现不同季节下工程的实际效果，还可以结合不同的意见和方案对其进行改进。

二、虚拟现实技术在风景园林设计中的应用特点

全方位虚拟现实技术不仅能够满足空间设计的二维和三维要求，还能够将整体空间展现出来，使设计者能够针对空间问题对方案进行调整。风景园林设计工作的开展需要通过

对讯息的分析，明确工程设计的要素。虚拟现实技术能够使得工程设计中的所有内容得到体现，对空间进行准确的展现，其中的细节问题也能够得到体现。这种技术应用能够使得工程建设的细微部分得到体现，设计人员就不会遗漏细节，还能够对方案进行全方位的调整，提升设计方案的可行性。

远程浏览风景园林设计方案经常需要由设计者对方案进行分析，并结合工程特点对其进行修改。利用虚拟现实技术能够让设计者在计算机设备上观察自己的设计方案，还能够展现出自己的作品，使其能够明确设计作品特征。利用这种技术可以减少设计者与施工方的纠纷，主要是由于其能够通过远程发送的方式将自己的设计方案全面呈现给施工方。施工方在还没有实际开展施工时，就能够对设计方案进行浏览，结合施工特点提出相关意见。设计者能够结合施工方的意见，对设计方案进行完善，强化工程设计科学性。

设计完美性虚拟现实技术的应用能够使得工程设计方案具有较强的合理性，一旦方案中某个部分不合理，就能够在利用虚拟技术进行展示的过程中凸显问题。设计者能够在计算机上随意切换设计视角，对设计内容进行体验，一旦发现其中存在问题，就能够及时改进。设计者可以直观地体会到工程建设施工效果，对自己的设计作品进行详细的检查。这种方式能够使得设计者在虚拟的环境中提升自己的设计水平，明确自身的不足，并且针对其中的问题进行改进，对于加强风景园林设计效用有较大的作用。

三、虚拟现实技术在风景园林设计中的应用

可行性分析在利用虚拟现实技术开展风景园林设计工作的过程中，设计者需要明确工程设计方案的要求，按照施工方提出的要求，提升设计方案的可行性。设计者需要组织相关人员对工程建设施工场地进行勘察，通过对地质、环境等情况的检查，设计出可行性施工方案。在对相关情况进行检查时，设计者可以明确其中可能存在的问题，收集相关的资料，然后将文字信息及数据等录入虚拟现实系统中，对方案进行初步体现。设计者可以利用虚拟现实技术对真实的施工环境进行模拟，使其对工程施工场地的道路、水流等情况进行了解，分析最佳施工方案。在这个过程中，设计者能够建立真实的工程施工场景和模型，对其中的问题进行解决，构造真实的模型实现对风景园林工程的综合规划。

概念设计分析风景园林设计工作不仅需要全面的施工方案作为基础，还需要让设计者具备较强的设计方案概念，使其能够进行概念设计分析，增强工程设计的效用。在应用虚拟现实技术的过程中，设计者可以在虚拟现实系统中对自己的设计方案进行分析，观察设计模型，对工程建设情况进行合理的分析。设计者在处于虚拟现实环境中时，能够受到一定程度的感官刺激，活跃自身的思维，使其能够形成场地设计概念。在这个过程中，设计者能够将设计方案中不确定的内容进行改变，通过方案调整完善图形信息。设计者能够在计算机系统中进行视觉体验，虽然完善了设计方案，但是还可以产生新的设计思想，使得工程建设方案更加完善，还能够贴近工程实际的施工情况。

主体构思工作的开展在利用虚拟现实技术开展风景园林设计工作的过程中，设计者可以对园林场景进行设计，主要是通过对技术的应用准确刻画相关场景。风景园林设计工作

比较复杂，在实际开展设计工作的过程中，需要体现其多维性。因此，设计者在对其造型进行考虑时，还需要结合社会因素和文化因素等，保证空间设计的和谐性。虚拟现实技术的应用能够使得设计者对风景园林设计内容进行控制，开展主体构思工作，对内容进行联系，使得构思更加完善。

在利用虚拟现实技术开展风景园林设计工作的过程中，可以对其中的数据信息进行分析，提升设计工作的准确性，并且在实际施工过程中可以实施。虚拟现实技术综合性比较强，在后续开展风景园林设计工作的过程中，可以打破传统思想，生成三维模型，增强设计方案的可行性，使工程建设施工更加准确。虚拟现实技术可以对信息进行传输，工程相关人员可以通过自己的构想，在虚拟现实系统中实施，利用虚拟现实技术完善设计方案。在之后的发展过程中，虚拟现实技术的应用会逐渐广泛，能够使风景园林设计效用提升，对强化技术作用有较大的意义。

综上所述，风景园林设计工作的开展能够使得我国城市化建设更加快速，对增强我国整体经济水平有较大的作用。利用虚拟现实技术能够使得设计工作的开展更加直观，便于发现其中的问题。虚拟现实技术可以与其他技术相结合，实现技术创新，对增强风景园林设计可行性有较大的作用。

第四节 数字时代风景园林规划设计

传统风景园林规划设计融合新时代数字技术的发展成为一种趋势，重点在于用传统风景园林规划设计，与参数化规划设计两者之间进行对比，使用现代景观生态学的原理总结出参数化规划设计方面的优势，充分地分析参数化在风景园林规划设计中受到的阻碍，阐述参数化发展在风景园林规划设计中的重要意义。

人类已经进入智能化与数字化时代，在不同行业已经使用参数化规划设计的方式完成行业的改革与创新，比如航空与船舶等行业，在发展上带来了极大的冲击。参数化发展在后期逐渐运用到建筑领域，并且发展成为最时尚最具有潜力的建筑设计风格，这种改变已经改变了传统建筑设计中建筑人员对建筑方面的局限性，很大程度上推动了建筑行业的进一步发展。

一、风景园林学发展概述

风景园林学的发展有一定的历史轨迹，这种发展轨迹无论是国内还是国外，都有很明确的风格变化。早期的农业时代，国内设计还是国外设计基本上都尊崇自然风格，并且以此为创作要素。所以风景园林创作的呈现方式都是自然的画卷，如西方比较显著的自然式田园风光以及中国诗情画意的园林建筑。风景园林的发展有着非常漫长的历史，以几乎在同一时间出现的东方圆明园与凡尔赛宫为例，两者在设计与规划上着重体现了源于自然但是高于自然的一种创作形式，在发展上都是以自然生活为主要的目的。但是在不断的发展中，人类进入工业时代，工业的发展与进步加速了城市的发展，最显著的体现就是城市出现之后对环境的污染，同时还伤害人类的生存环境，在这个时候风景园林的本质有改善环境和恢复人类身体健康的使命，因此开始建设大量的绿地与公园。随着人类进入了后工业时代，这个时代的人们意识到绿地与公园的建设并非是改善环境的最好方式，在深入的研究后明确了生态学的另一个目标，就是确保人类种族的生存与延续，所以景观生态学称为风景园林中的主要方向。在这个阶段人们逐渐提出一些相关的理念，比如"设计结合自然"等规划设计方式。

二、传统规划设计与参数化规划设计的比较

（一）传统风景园林规划设计

1. 传统风景园林规划设计。传统风景园林规划设计可以从字面意思来理解，即风景园林规划设计、风景园林设计。从实际操作与字面意思理解来看，规划是大范围大规模的一种设计，研究的策略主要解决空间内部、内部与外部之间的联系，在研究上重点倾向于人类、土地以及一切可持续发展之间的问题。而设计总体上比规划规模更小一些，设计主要针对尺寸，重点在于细节处的表现，如地方特色与风土人情，在规划设计中还倾向于设计亮点。但是不管是规划还是设计，传统风景园林在规划设计上都使用实际调研、走访场地与了解客户的意思为主，而对于水文、气象等自然方面的因素，基本上只作为一个参照的对象。所以传统的风景园林规划设计就是对现场的一个规划、绘制草图、通过一系列的绘图软件把人脑中存在的关于设计方面的概念清晰的表示出来，最终建设完成的风景园林规划设计。

2. 弊端。传统风景园林规划设计比较局限，规划设计针对一块场地进行，以场地周围的环境信息综合考虑找到合适的数量与位置之后，确定中心景观的位置。其次是路网规划，将场地分块将功能分区，边缘线条默认为道路。这是传统风景园林规划设计中的常规思路，但是在具体设计的时候我们会发现解决问题的设计太少，往往规划设计上更加注重形式，在平面设计与视觉冲击上有很强的效果，但是正是因为如此，国内的景观设计基本上千篇一律，随意抄袭，设计成果与设计效果并没有什么特殊性，往往实际的生态效果反而被忽视。

（二）参数化风景园林规划设计

1. 参数化风景园林规划设计。参数化风景园林与传统风景园林设计有本质上的区别，它在设计上倾向于气候、地形、水文等之类的因素进行详细的分析，在数字化的基础上建立起参数关系构筑一个景观系统，通过在设计阶段对影响因素进行详细的分析，得到有意义的信息数据，把得到的数据信息分类且筛选，制定出相关的规则，建立参数关系来确保参数与实际场地之间相互符合的结果。而为了更好地理解参数化风景园林规划设计，文章以生态学中的斑块——廊道——基质原理来直观地展示工作模式。

斑块——廊道——基质是由国外引进的理论，由美国生态学家 Forman 与法国生态学家 M Gordon 提出，斑块指的是外貌与性质上与周围环境不相融合，但是在内部结构与性质上存在一定联系的内部空间设计，所以在内部存在一定的共性外界环境具备异质性质的一种生态学设计。廊道是指两者之间具有一定的联系，但是存在不同的带状或者是环状的

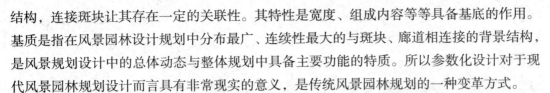

结构，连接斑块让其存在一定的关联性。其特性是宽度、组成内容等等具备基底的作用。基质是指在风景园林设计规划中分布最广、连续性最大的与斑块、廊道相连接的背景结构，是风景规划设计中的总体动态与整体规划中具备主要功能的特质。所以参数化设计对于现代风景园林规划设计而言具有非常现实的意义，是传统风景园林规划的一种变革方式。

2. 参数化风景园林设计发展优势。以参数化规划设计方式完成的景观，实际上尊重了景观的生态性和自然性，使用"斑块——廊道——基质"原理在理解上可以把要规划的风景园林场地想象成基质景观和一个连续性非常强的大背景结构，在这个场地中无论场地被分隔成何种斑块，它都是自成一体的和谐结构。当代景观都市主义者、景观生态过程学者等之类的人员已经在风景园林现代设计中打成了共识：即现代风景园林设计追求的应当是动态平衡的连续性很强的复杂的生态系统，其中包括了诸多生态环境中涉及的要素，如水文和地质等，而美学性和艺术性的考虑在这种共识的考量下成为其次。景观生态学人员与景观都市主义者、生态学专家等人意识到地球生态系统是一个复杂、多变、巨大的生态系统，城市风景园林建设和郊野、农村等等只是构成城市的一个部分，在规划设计上要注意大生态圈与其之间的相互作用关系，这种关系并非是简单的数字几何等可以阐述的。在设计上需要遵循自然发展之间的复杂性与联系性，一个小小的改变就会导致自然界中一连串的连锁反应。

三、分析参数化风景园林规划设计中的阻力

虽然参数化风景园林规划设计具备一定的优势，但是截止到目前发展的可行性仍旧不高，一方面是由于环境的局限性导致参数化发展受到限制。在风景园林规划设计中，包括很多专业人士对参数化风景园林设计也心存疑虑，所以参数化风景园林在推行与发展上具备一定的难度。另一方面是社会层面对参数化风景园林设计存在一定的认识缺陷。参数化风景园林规划设计理论发展并不全面，概念不清导致在发展上受到理论的限制。同时参数化风景园林规划设计还缺乏专业人才，国内目前由于理论知识不足以支撑实践的运用，人才的培养是极大的问题。同时计算机软件的开发也是参数化风景园林设计上缺陷之一。新时代发展以来国内的风景园林设计在一定程度上得到了很好的发展，但是整体上并没有取得巨大的突破，反而计算机等高新技术核心领域内需要借助国外的科技力量来完成相关的研究，这对于参数化风景园林的规划设计而言是巨大的缺陷。目前国内的风景园林设计中，参数化规划设计存在一定的不足，在指导方针与规范条例上并没有明确的规定，而且国内缺乏推广参数化设计规划的平台与相关的驱动力。所以国内的风景园林规划设计数字化发展还需要不断发展，在发展上还要走很长的一段路。

四、基于参数化风景园林设计规划的思考

现阶段的中国发展参数化风景园林设计，需要正视目前发展中的存在的限制因素。现阶段的发展特点是注重表面形式且漏洞百出的艺术设计，而观其主要原因是当代一部分人的设计思想扭曲，更重视政绩工程的建设。而对于其未来的发展应该是数据充实系统完

善的科学设计，对于这个方向的发展，还需要做出很大的努力与改进。KPF 资深合伙人 Larson Hesselgren 认为参数化设计之所以形成目前的格局是受到城市发展政策的影响，所以目前的发展没有质的突破。虽然参数化设计可以根据环境因素设置参数进行控制，但是城市设计基本上都是偏向呈现文化和社会性质因素，如城市地下轨道系统与自行车系统等等，都是政策问题而非生态需要，在使用上会更多涉及政策投资问题。参数化设计在建筑层面的发展已经进入新的阶段，如兴起的 3D 打印技术与数字制造技术两者的融合，让施工工艺更加简单，如上海某售楼中心使用的 3D 打印技术就成为比较典型的案例。

数字化发展已经在各行各业掀起一股热潮，但是由于学科本身的限制，有关参数化风景园林规划设计的理论与相关的技术基本上都是空白，很多经过国外引入，或者是相关的学科引入，并没有专业理论与规范指导，也没有影响力，因此这种数字理论与技术如何在国内构建是业内人士需要考虑的问题。从整体上来看，数字化风景园林规划设计可以细化为环境认知、设计构建、建筑评价、设计媒介等几个环节构成严谨的网络体系。关于数字化风景园林规划设计，要遵循几个原则：第一是动态的网状系统与快捷的数据流动；第二是环境认知阶段重要性的强化；第三是以参数化的算法设计、BIM 技术为核心的数字设计构建；第四，风景园林规划与风景园林设计的数字策略上的差异性；第五，重视人的主观能动性。

信息化与数字时代的到来让人类的发展迎来了又一次的机遇，风景园林趁着数字化与信息化发展改革创新也是非常具有现实意义的发展。虽然在目前的发展上还存在很多阻力，但是相信在科学技术的支撑下将会推动国内风景园林事业更好的发展。

第五节　风景园林规划中园林道路设计

园林风景是城市基础设施基础，推动了我国城市化建设的进程，在建设过程中发挥了重要作用，园林风景规划的重点内容就是园林道路规划，园林道路贯穿了园林景点的各个部分，具有点缀景观、划分空间及疏导人流等多种作用，园林规划的种类有很多，根据不同类型其作用也不相同。所以，在规划园林道路时，要坚持基本的设计原则，根据实际的环境条件及设计要点，进行合理的规划，充分的发挥园林道路的作用。

一、简述园林道路的分类及其功能

园路分类。从功能方面分析，园林道路主要划分成主干道、支路、变态路及游步道等四种的类型，主干道是指园区的入口延伸向每个景点的道路，进入景区的人群都需要经过的道路，除此之外还要满足车辆的行驶，所以主干到通常较宽阔平整。支路是辅助型道路，主要是连接景点或园内建筑之间的道路，主要功能是供游人行走，也允许小型的管理及服务车辆通行，支路通常平整，但不是很宽阔。变态路，具有特殊性，其主要是为了满足游赏功能的差异性，比如磴道、步石等一些特殊的路径。

分析园林道路功能。园林景区内纵横交错的路径与园内景观相互呼应形成了一道美丽的风景，园林道路的功能主要有组织空间、构成园景及疏导人流等。构成远景，园林风景通常是由山水、绿植花卉以及各种建筑等共同构成，蜿蜒曲折、铺设精美的园林道路，与景区景色相互呼应，丰富了园林景观的意境，因此，园林道路也是园林构景的重要元素。组织空间，层次分明、区域划分清晰的景区才能为游客提供更好的园林体验，因此，完善的园林景区必须具有不同功能的景观区域，从而满足游客的观光需求，园林道路规划能够很好地对园林的空间进行最佳布局，设计科学合理的园林道路，能够更好地连接或者分隔不同功能的区域空间。疏导人流，能够在景区内合理地进行人流的疏导，才能为游客提供最佳的观光体验，园林道路可以正确的引导游客进入景点。园林道路除了具有通行的基本功能外，同时还具有衔接各区域景点、点缀景点的特点。

二、简析园林道路的设计及规划要点

确定园林道路的分布密度与尺寸。园林道路设计的首要任务是分布密度及尺寸的确定，确定数值的影响因素诸多，其中基础参数是人流量，在进行园林景观规划时设计人员要预判人流量的合理性。针对较大人流量的区域，要规划功能不同并且路面比较宽阔的园林道路，另外，随着社会的不断发展，人们游玩园林的方式也在日益改变，目前的园林理念不仅是让人们观赏到园林的景观，而是要融入景观中，例如，在园林中开展一些娱乐活动，所以说，园林的道路设计，一定要考虑到休闲区域规划，这样才能满足不同游客的需求。园林道路的合理规划，能够提升游客的观赏体验，园林道路的设计也要具有特色，要与园林景色相得益彰。

园林道路的整体布局。园林道路的基础组成部分有平面、路口及立面，在进行整体园林道路规划时，需要对以上这几个部分进行详细的设计。在进行平面规划的时候，园林道路平面布局主要包括有自然曲线以及几何规划这两个形式。在对普通园林进行规划的时候，要对园林内部的曲折道路进行详细规划，这样不仅仅可以为游客多角度提供观赏园林景色的机会，还对景深的延长有明显的效果。在对大规模的园林进行规划的时候，可以将自然曲线和几何曲线进行混合规划，这样就可以保证园林景观的错落有致，从而突出园林的美景。对于立面布局而言，其主要是根据不同的景点进行功能性的规划，最为常见的就是需要设置长椅、石阶、长凳等基础设施，结合错落有致及蜿蜒的道路设计，能够展现园林景观的生动性。路口规划，在园林中，最为多的就是三岔路口以及十字路口，在进行设计的时候，要尽量减少十字路口的出现，而且景点的距离和路口的距离不能太远，才能给游客提供最佳的体验。道路设计的初衷就是为人提供便利，因此园林道路的设计始终以游客的角度出发，设计合理的为游客服务的道路。

园路的铺装设计。园林道路从具体形式上可分为特殊型、路堑型、路堤型等类型，根据功能的差异性其铺装设计也具有很大差异，园林道路的路基通常选择沙石基层及块料面层，这是一种生态型道路，具有良好的透气及透水性特点，能够有效的补充地下水，从而促进周围绿化植物的健康生长，园林道路进行铺装时，还要与园林景观的特征及意境要相融合，并且具有协调性，生态型道路可以自然的过度，能够保证道路及景观的融合性及协调性，另外现在人们越来越喜欢融入自然、亲近大自然，所以在设计铺装时要减少人工雕琢的痕迹，要确保园林道路充分的融入周围景色，使游客体验到浑然天成的自然景观。

分析园路与建筑物之间的布局设计。建筑物主要分为外部建筑及内部建筑这两种形式，内部建筑其实就是景观的组成部分，外部建筑则是在园林景区周围分布的建筑物。内部建筑，园林中的楼阁亭台等建筑都属于内部建筑，其形状和高度都直接影响园林道路的设计，要从观赏建筑物的层面出发，尽量不要设计直接贯穿建筑物的道路。外部建筑，目前的城市园林景观与城市的生活融合一体，大多数的园林景区都临近居民及商业区，因此，必须在通往大型建筑物的路口规划广场，可以很好地起到疏散人群的作用及为游客提供休息的地方，能够防止拥挤的现象发生。

园路与其他元素的布局设计。园林景观的两大元素主要是水体及绿植，进行园林道路规划时，要充分考虑水体及绿植的关系，进行合理布局，可以促进园林及景观的充分融合，给游客仿佛置身于画中的体验。水体，我国的风景园，最常见的元素就是水体，应该在水体的周围规划环绕型的道路，可以将不同区域的景观与水体相互关联，在水体附近要规划宽阔的游步道，方便游客观赏水体景观。绿植，园路景观不能缺少绿植，绿植是景观的重要点缀，绿植还可以使园林景观更加深邃，意境更加的丰富。园路与景观的自然融合，满足了游客追求体验自然、参与自然的需求，同时是园林的景色更加优美，使园林景色犹如画卷。

在不断地扩大城市规模时，在人们的生活中接触的景观比较单一，城市的自然景观很少见，大多都是钢筋混凝土的建筑物，人们对城市自然景观的需求越来越大，在高节奏的生活之余，人们更愿意体验大自然、亲近大自然，从而放松身心。因此，在进行园林道路设计是要必须严格遵循设计原则，积极地进行设计创新，为游客提供更最佳的观光体验。

第六节　城市时代下的风景园林规划与设计

随着城市化进程的进一步推进，环境问题也日益成为社会关注的焦点。人们的环保意识逐渐觉醒，在城市化过程中开始寻求一条既有经济效益也有生态效益的发展之路。而城市的风景园林规划与设计就是这条生态发展之路中的关键，它不仅能够改善城市的环境，还有利于实现城市的可持续发展，实现经济效益与生态效益的统一。但目前，城市的风景园林建设尚存在许多不足之处，限制了城市的发展。故此，本节主要对城市进程中风景园林的建设问题进行分析，探究城市生态文明建设的新出路。

随着环境问题日益凸显，国家及各级政府都着力对城市环境进行改造和建设，为城市的风景园林规划与设计带来了前所未有的机遇，在一定程度上改善了城市的环境，推动了城市的生态文明建设。但由于各种主客观因素的影响，也使我国的城市风景园林规划与设计具有较大的局限性，如规划与设计没有创新性，只是一味地照搬西方的模式，或者只是模仿中国传统的园林形式，没有自己的特色，体现不出自己文化的民族性，造成我国大多数城市的风景园林规划与设计大多千篇一律，未能创造出人民群众真正需要的景观环境。

一、风景园林的规划设计对城市建设发展的重要性

有效推进城市风景园林工程建设。风景园林的规划设计就是指在进行城市风景园林建设前，由设计者根据城市发展需要的环境需求绘制园林工程图纸，制定关于植被类型、施工步骤、技术、器材、地点、管理等方面相关方案的过程。以此来对风景园林建设中所遇的问题进行预设并思考解决问题的策略，从而能及时的对施工问题做出指导，推进城市园林工程的建设。这样通过风景园林工程的方案设计与规划，就有利于促进项目有目的、有计划地进行，提高城市风景园林工程的建设效率与质量。

推动城市生态文明建设。在现代城市发展过程中，在经济效益的驱动下，很多城市曾经造成了众多环境问题，如水污染、雾霾等，带来的这些环境问题，让人们意识到了环境对生产与生活的重要性。为了经济社会的可持续发展，人们开始重视城市的生态文明建设，致力于城市的生态建设，而评判一个城市生态建设效果的重要标准就是城市的风景园林建设程度。因此，城市风景园林规划与设计是否合理？是否科学？直接影响到整个城市的生态文明建设，影响到城市建设中的生态效益，以及城市的可持续发展。所以说，做好城市风景园林的规划与设计，有助于推动城市的生态文明建设。

二、现代风景园林规划设计面临的局限性

现代风景园林规划设计植被选择单一。生物的多样性是自然界的基本特征，对城市进行风景园林的规划设计就是希望能够达到人与自然的和谐发展，尊重自然的规律、保护自然的原本生态性与城市的自然性、生态性。但是设计者在进行风景园林规划设计时，只关注了绿色植物的生态性能，未曾考虑在选用绿色植物时如何保持生物的多样性。所以很多城市的园林植物大多千篇一律、植被结构单一，影响了生物的多样性，影响了风景园林工程的整体价值。

现代风景园林规划设计缺乏创新性。一个城市的风景园林不仅要体现其生态的价值，还需展示观赏的价值，体现城市文化的价值。但是目前众多城市的风景园林在规划与设计方面基本处于模仿阶段，缺乏新意，没有真正地表现城市的个性、地域的文化与民族特性。所以说，现在的风景园林规划往往只看到生态的价值，却看不到观赏的价值和城市文化的价值。

现代风景园林规划设计人员的综合素质较低。风景园林规划的设计方案是园林设计师知识与智慧的结晶。它要求设计师具有较强的环境、生物、地理、美学、设计学等综合知识，对设计师的综合素质要求较高。而现实情况是很多园林设计师的专业素质较低，对风景园林设计要求的理论学习领悟不透，有的设计师因实践经验比较缺乏，所以设计出来的园林设计方案的可行性不强，导致与实际需求出现偏差，缺乏科学性与合理性，严重影响了后期风景园林工程的建设。

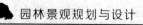

现代风景园林规划中绿化面积严重不足。随着城市人口的不断增长和对经济利益的追求，人们对住宅空间、商业空间和工业空间的进一步需求，致使在城市中仅存的绿化面积非常有限。如何最大限度地发挥有限的绿化空间的作用？推进城市的生态文明建设，是现代风景园林规划与设计者着重考虑的问题，也是风景园林设计方案中面临的瓶颈。

三、城市时代下风景园林规划与设计的改良攻略

选用多种绿色植物类型，完善生物多样性。设计师在风景园林规划与设计的时候，不仅要充分考虑风景园林对城市环境的重要作用，规划的合理性、科学性，也要考虑园林中植被的多样性。可以选择多年生草本花卉与一、二年生草本花卉相结合，乔木、灌木、竹类相结合等不同类型进行合理科学的搭配，体现生物的多样性。同时，还可以将植物融入建筑的设计当中，充分体现人与自然和谐的意境，形成独特的组景效果，体现城市的生态性建设。

综合中西方风景园林规划设计元素，提升创新性。纵观每个城市的风景园林设计，就会发现更多的是人工雕琢的痕迹，而且城市与城市之间没有什么区别，没有自己的个性与特色。这就要求设计师在进行园林规划与设计时，既要学习西方的设计理念，也要融合当地的地方的文化特色。可以在风景园林规划设计中加入中国"诗词"元素，少数民族元素等，使园林的设计具有地方的特色，呈现出与别的城市不一样的地方。同时，不必对园林植被过多地进行人工的雕琢，保持植物的自然性，更有利于体现城市园林的生态性，推进社会自然的和谐发展。另外，要提升风景园林规划设计的创新性，还可以通过城市绿化带的充分利用来展示，可以采用主题绿化带的形式，凸显城市的生态建设，展示具有自我特色的生态文化。

提高风景园林设计师的录用标准。因为设计师的素质关系到风景园林设计方案的效果，关系到风景园林工程的质量与效果，所以城市的主管部门在招聘园林设计师时，要注意选择理论水平较高，实践能力较强的设计师来设计。最终筛选出具有较高理论，操作能力强，具有创新精神的设计师来进行风景园林的规划与设计，从而有利于从根本上提升整个园林设计的生态效益，促进城市的生态建设，充分发挥园林设计在人们生产生活中的生态作用。

合理规划与开发绿化面积，实现绿化面积多元化。在城市发展过程中，能直接作为风景园林的用地是非常有限的。为此，设计者在规划时，一定要善于利用一些小的绿化带、过渡带以及街道旁边的小空地，还有小区、社区周边的护栏围墙进行园林的规划设计。当然除了充分利用边缘地带之外，还需要在考虑城市可持续发展的基础上，开发新的绿化地带，创造一定的风景区、园林区，实现绿化面积的多元化，丰富园林景观的类型。

城市风景园林的规划与设计，是城市生态文明建设的关键环节。只有完善城市的园林设计方案，才能更好地提高城市的环境质量，创建生态城市，促进人与自然的和谐发展，为人类提供一个适宜生存与发展的空间。

第八章
现代园林景观规划与设计实例研究

第一节　实例解析微坡地形设计在现代园林景观中的应用

现代园林景观绿化中微坡地形的设计会让景观更加富有层次感、艺术性，同时也增加了绿化面积，改善了视野。从某居住小区景观绿化实例出发对微坡地形设计的理念、作用、技术要求及施工进行探索研究。

在城市中高层居住小区日益增多，而绿地却常常被压缩，如何利用有效的绿化空间去打造优美的居住环境？使居住小区的园林环境增加景深、韵味，展现出小中见大，富有层次感，增加艺术性，提高利用率，是我们探索的方向。

一、微坡地形在居住小区中的作用

（一）增加空间感，营造视角意境美

微坡地形高低起伏的形态变化，增强了现代园林景观空间的层次感。微坡地形的利用，通过对人们视觉上的感触形成了一个个连续开放——闭合且不断变化的动态变化，增强了景观的空间感。3、4、5组地形的组合在层次上前后掩映，地形高点在地坪面上1.3~1.7m，自然式植物配置后，有效地通过视角的阻隔，形成了步移景异的效果。第6组地形遮住的是一个自行车棚，地形上面以自然形式种植不同花期不同的花灌木，使车棚形成了一个隐蔽空间，让人产生一种"山重水复疑无路，柳暗花明又一村"的感觉。1、2、3、4组地形的中心围合一圆形广场，形成一个相对开敞的空间，但视线又不能一览无余，沿着地形的开合，有循景深进行探索的吸引，达到了"小中见大"的设计理念。

（二）增加种植土厚度，扩大绿地面积

现在大部分高层住宅小区，都建设有地下车库，地面上的绿地建在车库之上，土层厚度通常在2m以内，由于底部架空，形成类似花盆效应，乔木类不易成活。居住小区土层厚度仅有1.2m，通过堆筑微坡地形增加了土层厚度，为乔木增加了生存的空间，形成植物的多层次景观。同时，由于地形上形成多个坡面，相应的扩大了地被的面积，增加了绿量。

（三）丰富植物群落，营造现代园林景观美

微坡地形的堆筑，营造了类似大自然的地形地貌，由于光照的强弱变化形成了阳坡、阴坡、半阳坡，结合植物的生态习性，进行合理的种植配置，满足了多种植物在不同光照

117

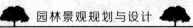

条件下的生长条件，形成了自然和谐的植物群落，增加了植物的多样性和景观的层次美，提升了人与景观相处的情趣。

二、居住小区营造微坡地形应遵循的设计原则

（一）符合自然生态规律

居住小区微坡地形的堆筑，目的是为了使人们生活的环境更加地贴近自然，体会到大自然的生态环境。地形与地形之间不是空洞的组合，空间上应有相互的融入和连续。绿化面积大时，可营造绵延起伏开阔的视野；面积小时，应利用地形的波动，产生错落有致的韵律。要给人回归自然的意境。应综合考虑楼间距的影响，避免出现在楼间距小的情况下，堆筑较高的地形，形成闭塞的感觉。

（二）整体布局合理

居住小区微坡地形的营造首先要考虑车库顶层的承重问题，根据景观绿化的面积大小，景观设计构思综合考量，不能简单地照搬或模仿。小区绿化用地主要集中在楼间，微坡地形在设计上满足了居住小区景观绿化构图方面的要求，在空间上结合植物的配置划分了由开阔过渡到半郁蔽再到隐蔽三个层次，每个层次的布局都充分考虑了广场、园路、小品的布置，动静有致，游玩时给人以不同的空间感。

（三）整体美观艺术

微坡地形的设计应具有整体性和延续性，线条起伏流畅、开合有度、高低错落，避免人工雕琢痕迹，体现出自然风貌美。小区微坡地形的设计模仿山地的自然地形，占地有宽有窄、高低起伏、有脊有谷有鞍、坡面有急有缓，汇成了"横看成岭侧成峰，远近高低各不同"的感觉。

三、居住小区微坡地形的施工技术

微坡地形的营造要考虑地下管线的位置及地面排水走向，堆筑后应留一定时间让土壤自然沉降，坡面与地平面的夹角宜自然、舒缓，待土层稳定后再进行植物种植。

施工技术流程：测量定位——放大样线——控制标高——堆地形大样——精细整形。

（一）测量定位

利用全站仪或 GPS 定位仪按照图纸上标注的坐标，对地形中的高点、次高点及每组地形的轮廓进行测量定位。

（二）放大样线

根据测量获得的定位点，用白灰撒出地形的高点位置和每组地形的轮廓边缘线，线条应流畅、开合，根据绿地实际适当调整地形的方案。

（三）控制标高，堆地形大样

堆筑地形时应先中心后边缘，每层填土厚度以不大于 30cm 为宜，回填时可结合推土

机进行适当碾压，回填土壤应尽量选用熟化过的种植土，回填土的高度控制应结合水准仪进行把控，通常堆筑高度要预留出 20~30cm 的沉降量。

（四）精细整形

微坡地形大样轮廓出来后，要用人工进行精雕细凿。清除地形表面的垃圾、石块、杂草等，根据图纸上设计的等高线进行高程细部控制，使地形表面自然流畅、排水良好。

微坡地形在现代园林景观设计中的利用，改观了人们的视野，营造出较好的视觉效果，丰富了景观绿化的层次，优化了空间的变化，呈现了"曲径通幽处，意境层层开"的景象。

第二节 重庆古典园林在现代景观设计中的借鉴意义

本节通过对重庆古典园林历史与实例的研究，提炼出其园林特色：巧妙利用自然山水要素，地域特征明显；多以历史纪念园林著称，文化内涵显著；极具开放性和公共精神，园林功能丰富。并以此为基础，提出了重庆古典园林在现代景观设计中的三点借鉴意义。

中国古典园林是宝贵的历史文化遗产，在世界园林艺术史上有重要地位，其中优秀的部分对现代景观设计也具有较好的借鉴意义。前人对中国古典园林进行了深入的研究和分类，如按照类型主要可以分为皇家园林、私家园林和寺观园林三大类，按地域又可以分为北方园林、江南园林和岭南园林三大类。重庆古典园林一直没有梳理和显露出自己应有的园林风格。本节旨在探究重庆古典园林的特点及其与江南园林和北方园林的区别，并针对其特点提出在现代景观设计中的借鉴意义。

一、重庆古典园林的特点

（一）巧妙利用自然山水要素，地域特征明显

重庆古典园林偏重于利用自然山水条件，借助地域自然本身的特色，以适应环境为依据，追求天然野趣，具有雄奇壮阔、自然洒脱的特点，形成了具有明显峡江地域特征的自然山水园林体系。与婉约含蓄、诗情画意的江南私家园林和凌驾自然、气势恢宏的北方皇家园林不同，重庆古典园林采用的是真山真水、大山大水，造景元素直接取材于场地的山石树木，与自然共同组景，充分体现对大自然的尊重，更显自然洒逸，在中国古典园林中独树一帜。

这得益于重庆地区独特的地形特点。"君到渝州见，广厦缘山积。"重庆依山傍水，连绵起伏的高山丘陵，奔涌飘逸的溪涧江滩，皆为园林造景要素。重庆古典园林对自然环境的塑造远远高于其他园林中"人造"的自然。如具有重庆山顶园林特色的礼园，巧借地形之势，选址于鹅岭之巅。在重庆特殊的山城地貌中，鹅岭凭"两条银线自天来，江势随山阖复开。从古巴渝称重镇，半空鹅岭出高台。"的绝佳观景地位为礼园的成名奠定了基础，使其成就高耸九重，一览江山的意境。

（二）多以历史纪念园林著称，文化内涵显著

通过对重庆市古代园林的大量实地调查和文献稽考，从反复系统的比较研究和分析中，我们发现，与北方园林的集中代表是皇家园林，江南园林和岭南园林的集中代表是私家园林相比，巴蜀园林的集中代表是历史纪念园林而重庆地区更集中体现的是历史军事名人纪念园林。如位于奉节县的白帝城是为了纪念刘备，位于合川区的钓鱼城园林是为了纪念抗蒙将士，位于云阳县的桓侯庙园林则是为了纪念张飞。

这种极具巴渝民俗特色的历史纪念园林类型与重庆的人文历史文化有密切的关系，重庆曾作为巴国古都、大夏国都、抗战陪都的历史造就了重庆人民勇武忠义、热情勤劳的性格特点。且自古有言"蜀有相，巴有将"，作为军事重镇的重庆也成就了这些启人幽思的历史军事名人纪念园林。

（三）极具开放性和公共精神，园林功能丰富

不同于北方园林多为帝王园囿，江南岭南园林多为商宦宅院，重庆古典园林虽有少量私家园林，但绝大多数还是纪念园林、寺庙园林和书院园林等。这些园林不是为个人而建造，而是具有纪念、祭祀、传授治学等公共职能，同时又能为公众提供休憩空间，主要作为公共园林来使用。这些园林具有较强的开放性和公共性，服务大众，体现了包容开放的园林精神。正是得益于这种园林精神，才塑造出重庆古典园林的大山大水、气势恢宏。

二、现代景观设计的借鉴意义

（一）因地制宜，充分利用地形特色

在景观设计中要充分考虑当地的地形地貌特征，结合场地特征加以利用，因地制宜，创造适应场地环境、符合使用者需求的园林，而非盲目照搬江南园林或北方园林的一些主流造园手法或特色。重庆古典园林对天然石材和植物材料的巧妙利用可以为现代景观设计提供借鉴意义。重庆古典园林的石材运用以功能为先，结合园林特色，体现石材的自然美；植物运用以乡土树种为主，适地适树，注重植物的品质和寓意，注意古木名树的保护和利用。

自足本土，再现地域文化景观，重庆园林是在重庆肥沃的历史文化土壤中成长起来的，在进行景观设计时要关注园林的本土化研究，挖掘当地的文化底蕴，探索营造富有地域景观文化特征的设计。园林设计应针对大到一个区域、小到场地周围的自然资源类型和人文历史类型，充分利用当地独特的造景元素，营造适合当地自然和人文景观特征的景观类型。

（二）以人为本，丰富现代园林景观功能

园林是人类追求理想人居环境的产物，在现代景观设计中要立足于公众，创造舒适的公共生活环境。随着社会的日益发展，人们生活质量不断提高，生活方式更加多元，除了追求园林观赏性以外，对园林的功能性也有了更高的需求。这就要求我们在现代景观营造中，多从环境心理学和行为学等学科的角度出发，分析公众的心理需求和行为现象，创造以人为本的现代景观。

重庆古典园林立足于其独特的地理特征和人文历史条件，借助于地形地貌特色，形成

了大山大水的峡区地带山水园林格局，并塑造了具有勇武忠义特色的军事纪念园林类型。但对于历史悠久、独具特色的重庆古典园林，至今没有形成精确的概念和完备的体系，重视不够、研究不足，是中国古典园林史上一个需要填补的空白。同时，随着城市建设的开展，许多古典园林旧址被破坏和开发。面对这些问题，我们要加强对重庆古典园林的重视和研究，形成其特有的理论体系；并利用现代园林的技术和手段对传统园林旧址进行保护和修缮。弘扬重庆园林的雄奇壮阔和开放格局，或许能够对中国古典园林的研究产生新的影响。

第三节 房地产现代园林景观绿化项目施工质量控制
——以南宁市某房地产现代园林景观绿化工程为例

现代园林景观绿化建设的高速发展带来了激烈的市场竞争，园林施工企业通过对园林绿化项目施工建设质量的控制，可以更好地体现园林绿化设计意图、控制施工成本，获得更佳的景观效果，获得更好的经济效益和口碑效应。基于此，本节分析南宁市某房地产现代园林景观绿化工程的施工实例，阐述绿化项目施工建设质量控制的要点。

南宁市以"绿城"为名片，向来很重视园林绿化工程的建设。近年来，南宁市着力打造"中国绿城"品牌，构建"城在林中，林在城中，树成林，花成片，植树成景"的园林风貌。房地产园林作为现代园林景观项目的重要组成部分，现代园林景观工程是房地产项目开发的重要环节，是影响楼盘品质、打造人居环境的关键因素，对于提高房地产项目的市场竞争和溢价能力起到很大的辅助作用。业内人士认为，现在市场上好品质的定义不仅仅局限在楼盘质量好、户型好，景观资源优越的楼盘已成为公认的"地产潜力股"，因此大部分房地产项目很注重现代园林景观的打造，尤其是高端楼盘，他们对于园林的设计和施工质量提出更高的要求。在南宁市，现代园林景观有口碑的房地产项目有：盛天茗城，设计方为广州普邦园林；凯旋1号，设计方为香港贝尔高林建筑景观设计研究院；万科金域蓝湾展示区景观，设计方为深圳派澜设计事务所。

打造好的房地产现代园林景观项目，主要从景观设计和现场管理、施工等环节完成。设计方案确定后，施工环节尤其重要，园林施工企业通过对园林绿化项目施工建设质量的控制，可以更好地体现园林绿化设计意图、控制施工成本，做出更佳的景观效果，获得更好的经济效益和口碑效应。笔者有幸参加了南宁市某房地产项目的现代园林景观的施工，总结施工经验并结合自己的专业知识，提出房地产现代园林景观项目的施工质量控制方法，以期为这类项目提供专业参考。

一、南宁市某房地产现代园林景观工程概况

整个房地产项目采取的是总承包的方式，现代园林景观工程采用分包的方式招标，施工范围在某房地产一期中心区及架空层区，施工内容包括场地铺砖、景观小品、水体等土

建工程、绿化种植，项目业主又将景观照明及给排水工程分包给其他施工方施工。填土的厚度为 60~100cm，种植的植物品种有大王椰、银海枣、棕榈、阴香、水石榕、黄槐、白玉兰、红花刺桐和红花紫荆等 32 种乔灌木，鹅掌柴、杜鹃、紫花马樱丹、海桐和八角金盘等 26 种片植灌木，其中开花植物品种有 20 种。

二、施工质量控制

（一）施工前的工作准备

1.技术准备

笔者方在收到中标通知书后，土建方还在施工中，房屋的外架正在拆除。为了做好充分的准备，笔者方组织成立项目部，由项目负责人组织项目部人员先学习施工图纸和施工文件，对项目现场进行勘查，分析隐蔽工程和重（难）点分项工程；积极参加业主召开的技术交流会，通过图纸会审及时提出问题让业主协商解决；积极与其他施工方交流，作为技术交底补充，修改完善施工组织设计，制定施工进度计划。

2.物资准备

该房地产景观绿化工程分为现代园林景观和绿化种植两大部分。项目部根据一般地产园林的成本控制方法，让材料采购员先在南宁本地了解材料与苗木市场，某些特殊苗木和材料南宁市不能满足施工要求的情况下，要及早联系外地的供货商，通过选择、比较确定好供货合同。铺砖材料提前送样到项目监理处匹对审核，按设计要求提前储备大规格的苗木，并提请业主代表现场查看质量情况。

3.人员准备

项目部配备了具有丰富现场经验的土建、绿化专业技术人员作为管理员，组织各工种的专业施工技术工人，在满足成本控制要求并按技术要求配备多个施工班组，确定各施工班组的施工内容和重点。

4.开工协调

项目部通过项目业主或者上报工程联系单督促其他施工方进行现场清除，具备园林施工的条件后即可进场施工。

（二）施工过程的管理

1.施工质量的管理

分层技术交底：由项目技术负责人对施工员进行技术交底，施工员对工人进行技术交底。本项目的土建工程量大、地形变化多，所以土建质量直接影响景观效果和使用效果，分别从以下几方面控制土建的施工质量：一是场地放样、确定标高；二是根据设计要求对场地进行地形复核，包括挖方、填方均进行平整和找坡；三是严格按照施工工艺要求，防止施工过程地形的沉降；四是合理安排交叉施工，避免过度混凝土养护时间未达要求和强度要求而出现的质量缺陷。

绿化作为本项目的"软景"，与土建工程软硬搭配、相得益彰。苗木质量显得尤为重要：一是乔木必须选择生长健壮的容器苗或假植苗，带冠移植；二是难活的乔木品种必须

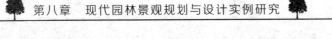

符合第一点要求,并且在苗圃的培育周期在二年以上;三是乔灌木尽量选择根部未穿出营养袋之外过久的苗。片植灌木的放样讲究线条流畅优美,施工员要按照设计密度、灌木(袋苗)的高矮,现场控制好种植效果。

该项目很大一部分是在架空层面层堆土施工作业,由于种植了较多的大规格乔木,很多时候需要机械作业,设计单位对架空层的荷载没有做详细的计算并标注,涉及交叉施工,给施工带来了很大的影响。

2. 施工进度的控制

制定施工倒排计划表,项目经理指定专门的人员,统计现场施工员上报的施工进度,统筹安排,针对重、难点的特点调整和安排工程计划节点。充分考虑雨季施工对于绿化作业产生的较大影响,加快非雨季施工的进度计划安排。

项目经理和项目技术负责人通过深入施工现场,在周例会和各施工员分析目前发生的工作难点,及时研究解决的办法,预测分析将要面临的难点和应对措施。项目部实行进度计划动态管理,要求施工员对各施工队常态化的进行技术交底,提高工作效率,确保各阶段施工按期完成。

由于该项目的照明和给排水分包给其他施工方,在实施过程中,笔者方加强与其他施工方交流和技术交底,尽量避免与其他施工方在同一作业面施工,合理安排交叉作业,尽可能避免已完成绿化种植作业面被毁坏,减少绿化修复时间。加快小区内消防通道的建设速度,提高材料和苗木运输的效率,减少因二次运输产生的窝工现象。

3. 施工成本的控制

第一,根据施工实际情况,合理调整进度计划。如土方工程,合理安排施工顺序,减少大型机械进场次数;根据现场标高的测量数据,平衡挖、填工作,避免重复倒运。尽量让其他施工方提交工作面后再进场施工,避免大量交叉施工产生的绿化人工和材料损失。

第二,强化全员成本意识,制定奖惩措施,使参与施工过程的各部门、每一位员工具有积极的成本意识,提高施工质量,在施工的每一个环节中进行控制。让每一道工序保持高质量的状态进入下一道工序,降低返工率。

第三,园林土建主材尽量从产地购买,辅材等零星采购重点考虑运输成本;苗木质量对于提高种植成活率起着关键作用,苗木采购尽量到苗圃、生产基地实地查看和预订,这样可以进行质量把关和控制运输成本。采用机械化、半机械化和人工操作相结合的施工方法,尽量利用小型机械配合人工作业,提高工作效率、降低用工成本。

第四,定期进行成本核算,随时搜集信息掌握成本动态以对比成本计划。园林土建分项工程采取了按不同施工阶段分阶段核算,发现问题立刻纠正处理,使其逐渐实现成本控制目标。

4. 安全文明施工

为了贯彻"安全第一,预防为主"的方针,强化施工现场安全生产与文明施工的管理,本项目成立专门的安全小组,对施工现场进行安全管理。项目进场施工的前期,小区的楼房大都在进行外墙施工、拆脚手架施工,房建塔吊在运输材料过程中易发生高空坠物。在绿化作业和房建塔吊无法避免进行交叉作业的情况下，项目部要求每个施工队都配备专门的安全人员，专门提醒绿化作业的农民工避开正在运行的塔吊运行范围正下方作业面，杜绝高空坠物造成的安全事故。安全小组每周对各施工队进行安全教育培训；新进工人进行岗前安全培训：强调施工中作业的机械、用电安全，工人宿舍的用火、用电安全。项目自开工至完工期间，无安全生产事故和安全责任事故。

5.设计变更的控制

本项目的设计变更是在原设计的基础上对某些细节的优化，合理化地修改原设计，带来的是更合理、更适用，有的节约了施工成本，有的提高了施工质量。由设计、建设单位提出的设计变更，笔者方施工人员在接到正式的设计变更文件后，才开始实施，设计变更洽商应及时反映在施工图纸上，为工程竣工提供依据。

（三）施工后期的管理

1.竣工验收前的管理

项目后期，施工员将全部施工现场对照施工图和设计变更，将施工现场已完成的工作核对一遍，要把园林铺装、种植分项工程的未及时完成的部分逐一完成收尾。按施工图和设计文件的标准自行整改，以达到竣工验收标准。

2.做好现场资料、竣工资料（图）

第一，工程资料的及时性。工程资料贯穿了进场开工、施工过程、竣工验收等所有环节，工程资料是否及时与开工建设、工序报验、项目进度、进度款申请等有直接的关联。为此，本项目从项目进场到结算，工程资料的报审都与施工同步。

第二，工程资料的完整性。本项目自开工、各分项工程的工序、施工过程各道环节的资料，竣工验收报告等，按相关设计和施工规范、规定将资料编制到位、收集齐全，分门别类的整理归档保存好。施工资料要做好施工、监理、业主等参与单位的签字盖章工作，如工程变更、会议纪要等按时效性的要求及时完成签字和盖章。

第三，工程资料的重要性。工程资料作为工程项目建设的依据，资料的进展情况直接影响工程的竣工验收及结算。

园林施工企业对于本房地产项目的园林绿化施工建设质量的控制，可以节约工程施工成本、提高施工效率缩短工期；较好的园林绿化项目施工质量，可以提高园林施工企业的信誉；园林施工质量好，交付使用后消费者对本房地产项目的环境品质很认可，产生了较好的口碑效应，提高了楼盘的溢价能力。

第四节 岭南园林传统文化在广东现代住区景观中的传承

纵观可知，在景观设计中，植物作为构成现代园林景观的四大要素之一，其所起到的空间营造作用是至关重要的。科学合理地进行园林植物景观空间的有效营造，可以充分满足跟景观相关的时间构成以及空间构成、艺术构图等方面要求，并符合防灾及降暑、遮阴等具体的功能需求，在现代园林景观生态系统中，其可谓是重要的生命象征以及关键的人文载体，应用意义十分深远。在此，本节将结合实例针对园林植物景观空间的营造方式进行简要探讨。

一、简析园林植物景观空间的主要构成

第一，园林植物景观空间的"实"。涵盖有垂直面以及水平面、顶平面三方面主要内容，其中，垂直面占据着园林植物景观空间的重要层面地位，其立足对园林植物树干与枝叶在竖向空间上的应用使得竖向空间范围得以充分明确，对于竖向空间围合感给予全面强调；水平面代表的是地平面空间的界限，包含有各种色彩及种类、质感以及高度的低矮灌木与地被植物；顶平面主要表示的是立足高大乔灌木树冠的优化运用，针对顶层园林植物景观控制平面范围展开合理界定，对于藤本类植物而言，其可通过对廊架等构筑物的有效使用进而形成园林植物景观空间顶平面。第二，园林植物景观空间的"虚"。这主要指的是伴随季节不停更替，园林植物自身形成的季相空间，或者是现代园林景观空间所产生的意境。

二、园林植物景观空间营造方式概述

（一）空间分隔

在现代园林景观营造当中，基于植物材料的合理运用针对园林空间进行有效分隔，可谓是最常用手段。就规则式园林而言，根据几何图形使用常见植物完成空间的合理划分，促使空间有序且明朗、整洁，在空间分隔中，绿篱的应用十分广泛且最为常见，科学运用不同高度与形式的绿篱能够起到多元化的空间分隔作用；针对自然式园林来说，通过植物材料的合理运用实现空间分隔，颇具较强随意性，不会受到任意几何图形的限制约束，基于成片、成丛的乔灌木植物运用将各个形态各一的空间互相隔离，加深空间层次，更具无穷意味。与此同时，在现代园林景观空间营造中，植物除了能够作为是独立的空间分隔手段以外，还能够全面结合建筑以及地形、水体等相关要素，广泛应用在空间构图进程中，所起作用不容忽视。

（二）空间对比

在设计中，立足空间的明暗虚实对比以及开合收放对比等内容，可使景观呈现出感人且变化多端的艺术效果，促使空间颇具吸引力。植物本身可以形成良好的空间明暗对比。通过植物具体构成所形成的空间虚实对比主要是指立足多元化植物艺术实现对封闭式或者是开敞式等生动空间环境的优化搭配营造。在此注意，空间的虚实及明暗等普遍是相对意义上的概念。此外，通过植物自身形貌特点或者是对应配置技巧能够形成十分丰富的空间对比成效，并使空间自身艺术感染力备受强化。

（三）空间穿插

在园林植物景观营造中，为使园林拥有颇丰富变化的空间感觉，除实现分隔手段的应

用让空间趋向多元化，还可采用空间流通与穿插方式进行营造。邻近空间相互间呈现出半掩半映及半敞半合的实际状态，空间相互之间的流通及连续，均会加深空间整体层次感，使得空间颇具深度。通常而言，在此过程中布局植物时应注重错落疏密，若是面对有景可借的位置，需将树木栽植的稀疏些，树冠位置应低于或者是高于一般视线，目的在于保持透视线，让园林空间景观相互间形成良好渗透。

（四）空间表现

有言之，"景贵乎深，不曲不深"，这句话主要指的是幽深园林更具极强感染力，曲径通幽则说明曲折是达到幽深效果的主要手段之一。通过对园林植物的合理运用能够将空间的深度及曲折程度更为全面的营造出来，比如说，在竹林中穿行曲曲折折的小路，可让原本不是很大的园林空间呈现出深度感觉。除此之外，通过合理搭配植物的形体及色彩等，则能够在空间上形成深度感觉，比如说，遵循空气透视原理，进行植物合理搭配时，建议让远处植物色彩相对较淡些，使近处植物色彩趋于浓郁，使之对比真实空间更具强烈深度。

三、实例分析

（一）项目概况

东海·闲湖城二期排屋工程现代园林景观设计，位于杭州大城西闲林镇中心区，由杭州东海春房地产开发有限公司开发，总用地面积为 57253.94m²，景观面积 30384m²。东海闲湖城地理位置优越，依托超大人工湖泊，二期排屋以打造"加州悠然的阳光生活"为主题规划出精致优美的加州别墅住区公园。充分利用山地丰富的地势高差，由北至南分级而上，整个地块根据高差不同采用分区块组团构建的景观模式，四个组团独立完整自成一体，形成较为私密又丰富有趣的别墅住宅景观。

（二）设计原则

以符合后现代审美需求的艺术化，领先与世的加州阳光风格城市住宅，营造一个宁静于心的环湖生活美地，缔造出新杭城中的新坐标。具体设计原则为，第一，富标志性，整体和谐的建筑群体；第二，绿地充足，日照充沛的住宅小区；第三，空间丰富，尺度宜人的居住环境；第四，人车分流，动静有别的清晰流线。

（三）营造方式

整个园区设计因地制宜，巧妙利用现有基地高差，从空间到细节精心推敲设计，力求打造一个独具异域风情，彰显生活品位的人居环境。

1.绿化景观设计。围墙外绿化，以规则灌木为主，通过列植方式种植紫荆、木芙蓉等冠幅较小，且有一定高度的小乔木软化装饰墙面；单元入口绿化，单元入口作为迎接业主回家的重要节点，绿化以多层次群落展开，同时运用鸡爪槭、红枫、果石榴等造型优美的树种点缀；邻里宅间绿化，作为平时散步游玩及回家必经的景观通道，绿化上以自然手法为主，选用不同的主调树种如樱花、紫薇、红枫等营造步移景异，时易景异的景观；庭院绿化，以满足居住功能需求，美化家园的原则，以大草坪为主在院角种植大树营造层次感。

2. 车库景观设计。实例项目所处地型高差变化巨大，地下车库入口与私家庭院围墙形成高差 4m 的直壁挡墙，为了削弱过高的硬质挡墙带来的压迫感，采用叠层分级花坛结合灌木和攀爬植物来打破单调的外墙立面，此外地下车库入口打断了车库上部私家庭院的贯通性，在车库顶增设木通廊连通前庭后院，不但巧妙地解决了这个问题，而且变不利为有利为私家庭院增添了凭栏远眺的生活意境。一般地说，植物布局应讲究疏密错落，在有景可借的地方，树应栽的稀疏，树冠要高于或低于视线以保持透视线，使空间景观能够互相渗透。园林植物以其柔和的线条和多变的造型，往往比其他的造园要素更加灵活，具有高度的可塑性，一丛竹、半树柳，夹径芳林，往往就能够造就空间之间含蓄而灵活多变的互相掩映与穿插、流通。

3. 空间景观设计。为满足私家庭院空间的最大化，从而留给组团公共区域的空间极为有限，因此从每个组团的入口处开始利用丰富的基地高差形成空间多变的竖向体验；台阶与景墙不同的组合方式穿插出不同的空间效果；道路分布采用直线与曲线结合的方式，带来移步异景的视觉感受。局部公共空间放大，形成完整的休憩平台，其间点缀水景、花钵，结合加州风格的景墙，打造亲切舒适的公共花园。运用园林植物能够营造出园林空间的曲折与深度感；运用植物的色彩、形体等合理搭配，亦能产生空间上的深度感，例如运用空气透视的原理，配植时使远处的植物色彩淡些，近处的植物色彩浓些，就会带来比真实空间更为强烈的深度感。

综上可知，采用科学方式针对园林植物景观空间进行优化营造，指在呈现出经济美观且整洁实用的现代园林景观效果，对于城市建设起到良好推动作用，意义十分深远。

第五节　巴厘岛风格的现代园林景观分析

巴厘岛的景观是自然、浪漫、休闲的，由于其繁荣的热带花园，迷人的水景和富有神秘色彩的雕像共同营造出辉煌于世的花园，其特点符合现代都市人追求的居住环境。本节主要在阐述巴厘岛风格特点之后，研究了具体案例中的实例运用。

一、巴厘岛景观园林风格特点

巴厘岛的景观是自然、浪漫、休闲的，由于其繁荣的热带花园，迷人的水景和富有神秘色彩的雕像共同营造出辉煌于世的花园。其构成景观元素有如下特点：

（一）较大面积的水景

水向来被造园者视为灵魂，无论是东方还是西方，无论是古代还是现代。水，无一例外地被人们推崇。有水的地方即有生气，它代表着活力。水空间更是巴厘岛景观园林风格中不可匮缺的一部分，尤其是无边泳池的运用，利用无边水池制造无边无际的开阔水景；可以这么说，没有了水就构不成巴厘岛景观园林。

（二）独具特色的亭子

亭子体量相对亲切、轻松，外观一般比较通透，注重对阳光的感受，主要以木结构、原生特色为主，屋顶多采用大坡顶，以当地简单的茅草、木作装饰材料。追求一种幽雅闲适、回归自然，突出自然与人充分融合的关系。

（三）无处不在的景观小品

风情雕塑，精致的花钵等一系列的景观元素放于园中，无论归家的园路上，开敞的草坪之中，无边的泳池边，还是在入户的门前休憩的广场平台之上，都有的放矢地摆放着风情而趣味的小品雕塑，更加凸显空间的精致感与立体感。

（四）精美的细节处理

巴厘岛景观园林的特色之处不仅在于它的整体韵味，更在于它处处精美的细节处理。无论是构筑物还是园林的每一个元素，都表现出极高的重视，这些在园林小品、地面铺装、植物等的细节处理都有显著表现。

（五）硬质景观

材料的选择上主张随意，如软石滩、旧木板、方石料、火山岩、板岩等。

二、具体案例运用

下面以漳州·蓝湾香郡景观为例进行分析，该项目运用奇妙的巴厘主体来展示优雅神秘的天堂。

（一）工程概况

漳州市中骏·蓝湾香郡工程位于漳州龙文区蓝田镇水仙大街南侧，交通方便。地块西边是规划中的七号路，东边是东四号路，南边是建元路。基地总面积为 239785.71m²。小区主要建设高层住宅与多层住宅，配套的商业与公建用房及 2 个幼儿园，1 个垃圾站与 2 个公厕。总建筑面积 521812.538m²。

（二）设计原则

遵循因地制宜、合理布置、生态化的设计原则，以人为本，注重社区的人性化设计，突出绿化与水景相结合的自然生态环境，体现绿色社区的特点。

（三）景观特色

1. 实用而亲切的组团睦邻绿化空间：强调组团绿地均好性与空间亲切感，部分首层设架空层提高活动空间，形成亲和而有人情味的居住氛围。

2. 景观与功能并重的复合绿地空间：区内主要绿地空间既是入户通行或康体活动的功能空间，又是舒适宜人的景观点，在用地有限条件下发挥复合效能和经济性。软硬并重、主题统一：建筑以丰富的组合和优雅的外形构成美轮美奂的建筑风景。小区景观更富有动感，通过景观把各栋塔楼连为一体，同时住宅之间的联系更加便捷。建筑与园林相配合体现清雅自然的休闲主题。

3. 闹静区分、富于对比：同是"带形"空间，商业外街与内街规整宽阔，渲染活跃的商业氛围；各组团内的绿化走廊则曲径蜿蜒，流露休闲的居住气息。空间丰富、节奏感强；沿各景观主轴的空间开合有序、富于变化，节节有对景，处处有惊喜，以丰富的景观序列构成令人赏心悦目的景观长廊。

4. 人景互动、步移景迁：几何线型的步道，"带状"景观与组团中心景观给各个组团的人们带来一种动态的观赏体验，步移景迁是小区景观的一大特点。

（四）平面布局

此景观以独具巴厘特色风格的景观元素为设计框架，将动与静的素材带进大自然式的庭园之内。整个景观通过各种植物的不同配搭，表现在各个景观元素之间；铺装图案、雕塑、花盆、街道标志及室外家具之中。隐藏于特色植物之间的自然色彩，却投射进整个项目的设计之内。整个项目活于自然的和谐之中，也正与当地的自然与文化环境相呼应。这种设计便是身处现代环境中，以大自然的语言、人性化的比例、体验更美好的居住环境作为主题。

1. 入口与景点。它是小区整体形象对于外界展示的重要场所，在入口处营造一个气势磅礴的景观对于提高小区形象，以及整个小区景观展示有着重要意义。此景观区以许多的切边、豪华及引人注目为概念，创造出满有创意、想象力及丰富情节的景观，使住户及访客可在此处留下美好的回忆和快乐。

在现代社会中，人们需要更多的休闲娱乐来舒缓生活之中的压力。从项目里的自然元素、空间和景观元素所构成的图案成为人们休息、玩乐和享受的空间。这里的自然环境、互动的水源、灿烂的阳光和舒适的微风，透过整个空间与人们自由地交流，让人们享受其中。而整个景观小区在设计上则包含了各种的元素，如充满色彩、图案和高格调的秘境和情节，有别于建筑单体。

2. 中央广场花园及公共空间。自然式的景观，在其正统的高贵和热带植物质感与纹理的和谐之中展现出来。水，作为整个编配中不可或缺的一员，强调了水本身在自然中的重要性，也大大地影响着其他的元素。花园，从神秘的巴厘花园之中，流向田园式的和谐与质感里面，融而为一。

此景观小区被视之为在住宅单体建筑设计形式与极之现代的入口景点处之间的过渡领域。设计以自然手法诠释巴厘花园的气氛。

3. 私人花园。为了减低建筑物的密度和比例，此小区将配合质感、颜色和植物形式种植许多不同的植物。利用多样的乔木和灌木相互搭配，以蓝天为背景，画出了一幅奇妙无比的画面——特别在红霞漫天之时。树木本身提供了一个很好的大自然画框，糅合光与影的对比的设计，让人们可以经历到置身在一条绿荫小径时，忽然被那金色曙光照耀着的美好一刻。

4. 泳池区。泳池区设计将泳池纳入到整个景观系统来考虑，使其在具有泳池功能性质的同时，又转化为外部景观所能利用的元素，空间为横纵两个不同的延展面，延续整个入口的轴线关系，纵向空间以水吧和活动区作为对景，横向空间则以自然种植和雕塑的形式延续，以延展出更大的泳池活动区域。风情水吧作为泳池区标识性点的定位，线性的空间

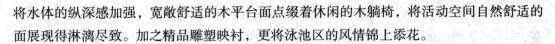

将水体的纵深感加强，宽敞舒适的木平台面点缀着休闲的木躺椅，将活动空间自然舒适的面展现得淋漓尽致。加之精品雕塑映衬，更将泳池区的风情锦上添花。

（五）种植设计

充分考虑本地气候条件、树种、植物生长特性与季节交换，并根据各区的自然条件，配属不同属性植物的质感配合花卉与香气的各样组合而成，并以本地适生的代表热带展露风情的树种为主，如凤凰木、鸡蛋花、火焰木、小叶榄仁等。因此在这些植物组合内在所蕴含的旋律之中，表达了奇妙与强烈的花草之声，在微风的调和下，响起自然的乐章。

1. 主入口：作为小区的主入口，植物品种选择上以即时效果较好作为最基本的选择要求，选用阵列式的棕榈科植物品种——银海枣结合水景的设计，烘托主入口的景观气势。

2. 组团林荫休闲区：丰富的复层群落、简洁的林荫树阵广场、开敞舒适的阳光草坪这三个空间形式构成了组团林荫休闲区。在植物品种选用上，做到四季有花，季相景观丰富。活动空间周边选用开花、香花树种营造舒适的林荫休闲区

3. 泳池区：为烘托园区的整体气势，泳池区选用能立即成型的热带风情植物，以华盛顿椰子、大王椰子作为上层骨架乔木，为保证泳池区的私密性，中层先用阔叶开花品种鸡蛋花作为基调树种，使植物与水体自然协调统一起来。

4. 道路景观：根据道路的形式及曲直变化，选用自然式群落与线形列植行道树相结合的手法。在行道树植物品种选用上，选择树形规整、冠大荫浓、主干高大挺拔、树叶繁茂的树种，如：秋枫、盆架子、火焰木等。

现代园林景观设计是人们生活水平提高到一定的程度，以及与世界交流的加深而运用产生的，在此条件下人们对居住的要求不再只满足于居住，要求居的舒适、居的品位甚至居的奢华。巴厘岛的景观自然、浪漫、休闲的特点，符合现代都市人追求的居住环境，使得巴厘岛景观园林风格越来越多地被运用。

第六节　近现代园林与景观中的生态思想与相关案例研究
——以劲牌酒业工厂生态景观设计为例

本节以劲牌茅台镇酒业有限公司厂区生态景观设计为实例。随着经济的发展与时代的变迁，人们的生活水平得到了空前的提高，人们逐渐具备改变当前自身居住和生活环境的能力。随着工厂的发展，生态环境变得越来越恶劣，人们开始注重生态理念表现得更加显著。尽可能地减少太过于工业化的事物，真正把现代园林景观中的生态思想贯彻于酒厂景观设计中。根据国家提出的建设最美工厂，劲牌酒厂一直用心打造。

一、近现代园林与工厂景观中的生态思想

近现代的园林与工厂景观规划设计把协调人与自然的关系作为工作重心。与以往工厂

景观设计相对比，根本区别在于把近现代园林景观中的生态思想规划设计融于工厂的景观设计，把工厂的环境污染降到最低，让资源能循环利用，更具有观赏游览价值，不仅仅只是生产产品，达到一厂两用的思想，旅游加生产。一个生态系统作为整体，强调人类自身与资源环境的可持续性发展。近现代园林与景观规划设计主要包括生态环境绿化、视觉形象和大众行为心理三方面内容。生态环境绿化是把人类的生态感受与要求作为出发点，以自然界生物学作为原理，利用自然气候、阳光、土壤、动植物等自然和人工材料，探究如何创造出舒适的物理环境。视觉形象是指从人类的视觉感受出发，依照美学规律，利用空间实体景观创造出令人赏心悦目的形象。

生态思想是从生态系统中吸收的，不断发现、运用新的生态设计思路和方法，生态思想处在一个不断完善的过程中。环保、节能、可持续等相关的设计都属于生态思想的范畴。生态设计是有意识地塑造物质、能量的过程，来满足人们预想的生态需要和要求，设计应当尽量降低对环境的破坏影响，减少掠夺资源、尊重物种多样性、保证营养和水循环，保证植物和动物生存的质量，从而改善人们居住环境及生态系统。现今城市发展模式单一，我国城市大都高楼林立、交通拥堵、人口密集，受气候变暖、大气、水、土壤等自然资源被污染等因素影响，过去只追求城市化的进程而忽略对自然环境，使得自然环境受到不同程度的破坏。

二、劲牌酒业工厂景观中的生态思想

（一）以人为本的生态思想

建设工厂景观源于社会下人的需要，单单是城市公园、旅游项目和文化体验已经满足不了人们的精神需求。在当今快节奏的生活状态下，人们虽然已习惯了此种生活方式，可是也体会到了极重的疲劳感，人们希望在高压力的城市生活下能有部分回归自然的舒适生活。在此种期望之下，现代园林景观设计人员慢慢把工厂景观也将以人为本原则作为立足点，期望打造出在满足保护环境和满足人们旅游观光的大前提下，不仅推销了自己的产品还体现出了对社会的担当和责任。在这种思想下，设计师在设计时会尽量避免流入过多的工业化元素，尽可能还原大自然根本的面貌，缩小工厂景观的生态设计与现代园林景观自然程度的差异，也会把一些生态元素依附于工厂建筑和堡坎中。

（二）自然式的生态思想

通过植物群落设计和地形处理，表现自然，把自然引入到工厂的人工大环境下。这种生态思想主要包括以下内容：①依附于工厂所处位置的山体和水源，通过开放工厂的空间把自然引入工厂景观中；②以城市公园作为设计参考，建立工厂自然景观，提倡工厂环境与自然环境相结合。

（三）融入美学的生态思想

虽然我们追求更加贴近自然的工厂景观，但我们不能忽略建立工厂景观本身是供人们体验销售产品的，在注重尽可能还原自然景观的同时，也应当注意工厂的美观设计，工厂

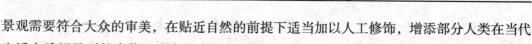

景观需要符合大众的审美，在贴近自然的前提下适当加以人工修饰，增添部分人类在当代生活中希望见到的事物。唯有生态主义理念和工厂的适度修饰统一融合才可以打造最美工厂。

三、劲牌酒业有限公司厂区生态景观设计

（一）现场分析

劲牌酒业位于贵阳、成都、重庆三市的三角关系中部，距离贵阳 200km，处于三省市的交界处，基地位于文化灿烂的赤水河畔，与天酿沟壑相连，与四渡赤水纪念园同在一条山脉，彼此在空间上形成三角关系，历史文化深厚，同时紧邻省道 S309，在三省交界处，具有良好的交通区位优势。

厂区分为三个区域：一期现状主要以现状原有地形、地貌、建筑及生产厂区构成，局部为改建区域；二期现状主要以正在建设酿酒厂生产区域；三期现状主要以山体、丘陵为主的生态拟建区域。厂区现状基础建设基本完成，在景观上缺乏统筹规划，建筑风格上以徽派建筑为主，没有与景观形成好的视线、节点。在堡坎的处理上缺乏生态、文化景观的植入。厂区的企业文化性没有充分展现，与企业的高速发展不均衡。旅游现状基础条件比较缺乏。

（二）生态堡坎

堡坎设计将酿酒的传统工艺和现代酿酒工艺以剪影与折叠造型的现代艺术方式来展示和体验，以及与酿酒有关的文化融入，让人体会劲酒别具一格的工艺和源远流长的造酒历史与现代艺术的结合，以及艺术堡坎上方常用垂直植物来设计进行生态绿化设计。左侧的防撞栏与右边的折形造型相呼应，垂直绿化的方式来美化硬质的景观，进行美化的同时还起着保护行车的作用，充分展现劲酒的生态性、创新性、文化性。而夜景的灯光营造使得科技感也十分强烈。

（三）生态广场

在主要的节点广场中，有个巨型多媒体酒樽雕塑，是未来园区的亮点之一，中国第一、世界罕见。酒樽将企业对称生态树理念和传统酒樽巧妙结合，表达通天达地的古祭祀文化。同时，酒樽有收集雨水的生态环保功能，并将雨水储存在地下室底板，经过处理既可以用于灌溉与清洁，又有效地节约了水资源。

城市化进程是当前不可逆转的发展趋势，只有通过合理布置空间环境与生态自然，将生态思想贯彻于工厂景观设计中，在景观设计中融合其他相关学科，建立一个和谐的满足人类需求的生态环境，从而达到可持续发展的目标。建设生态文明，走绿色发展的道路，尽可能帮助人们释放城市生活的压力，达成工厂建设景观绿化成效的长效性与美观性，提高工厂整体的美化成效，是一项持久的任务，需要我们与时俱进有所创新。

参考文献

[1] 萧默. 建筑意 [M]. 北京：清华大学出版社，2006.

[2] 廖建军. 园林景观设计基础 [M]. 湖南：湖南大学出版社，2011.

[3] 侯幼彬. 中国建筑美学 [M]. 北京：中国建筑工业出版社，2009.

[4] 唐学山. 园林设计 [M]. 北京：中国林业出版社，1996.

[5] 彭一刚. 中国古典园林分析 [M]. 北京：中国建筑工业出版社，1999.

[6] 余树勋. 园林美与园林艺术 [M]. 北京：科学出版社，1987.

[7] 高宗英. 谈绘画构图 [M]. 济南：山东人民出版社，1982.

[8] 计成. 园冶注释 [M]. 北京：中国建筑工业出版社，1988.

[9] 王其钧. 中国园林建筑语言 [M]. 北京：机械工业出版社，2007.

[10] 褚泓阳，屈永建. 园林艺术 [M]. 西安：西北工业大学出版社，2002.

[11] 韩轩. 园林工程规划与设计便携手册 [M]. 北京：中国电力出版社，2011.

[12] 邹原东. 园林绿化施工与养护 [M]. 北京：化学工业出版社，2013.

[13][美] 阿纳森. 西方现代艺术史：绘画·雕塑·建筑 [M]. 天津：天津人民美术出版社，1999.

[14][西] 毕加索. 现代艺术大师论艺术 [M]. 北京：中国人民大学出版社，2003.

[15][美] 诺曼·K·布恩. 风景园林设计要素 [M]. 北京：中国林业出版社，1989.

[16][德] 汉斯·罗易德（Hans Loidl），斯蒂芬·伯拉德（Stefan Bernaed），等. 开放的空间 [M]. 北京：中国电力出版社，2007.

[17] 彭一刚. 中国古典园林分析 [M]. 北京：中国建筑工业出版社，1986.

[18][美] 格兰特·W·里德. 园林景观设计从概念到设计 [M]. 北京：中国建筑工业出版社，2010.

[19] 郭晋平，周志翔. 景观生态学 [M]. 北京：中国林业出版社，2006.

[20] 西湖揽胜 [M]. 杭州：浙江人民出版社，2000.

[21] 王郁新，李文，贾军. 园林景观构成设计 [M]. 北京：中国林业出版社，2010.

[22] 王惕. 中华美术民俗 [M]. 北京：中国人民大学出版社，1996.

[23] 傅道彬. 晚唐钟声——中国文学的原型批评 [M]. 北京：北京大学出版社，2007：161.

[24] 孟详勇. 设计——民生之美 [M]. 重庆：重庆大学出版社，2010.